投考
公務員
致勝兵法

U0099841

劉永晨 著

萬里機構

香港英治時期政府組織乃由行政、立法和司法三個部門組成。其中行政部門以布政司署為首的文官系統，透過考選制度，吸納社會精英，進入政府部門，負責管治。並且廣泛推行諮詢制度，收集社會各階層的民意，始擬定政策而後施政，藉此強化其管治的合理性及合法性，由是使本港政治得以安穩。此一體制與運作，中文大學前任校長金耀基名之為「行政吸納政治」的統治模式。而香港文官制度下的公務員，尤重官員廉潔、俸優專業、尊重民情及執行效率，遂得屢見政績，從而使香港的公務員體制備受肯定。

香港公務員的選拔，源自英國文官考選制度。就此而論，我國自隋唐（581-907）至清代（1644-1911）之1905年止，創設科舉制度，行之久遠。透過考試淘汰而擇優取錄才能之士，使所選拔的官員，具備推行良政善治的能力，治國安民。此一政治制度及文化，不但使政府獲得精英的有效管治，同時形成「朝為田舍郎，暮登天子堂」的社會流動，故為史家大書特書。而更值得注意者為：近代英國文官制度的建立，乃吸收及模仿中國傳統的科舉制度而至。此論已由名史家鄧嗣禹（1906-1988）以英文撰寫〈中國考試制度對西方的影響〉一文，詳加說明，早為

中外學界所首肯。此論無疑為香港素主中西文化交融的最佳註腳。

本書作者曾隨余學習，已見其好學深思。畢業後任職本港政府公務員，亦時有過從。今成本書，索序於余。通讀全書六篇，始悉其投考公務員的決心、苦心及「實戰」經驗。全書簡明扼要，將公務員的報考、投考、面試、獲聘以至入職後面對的成敗得失，逐步說明，逐點分析，而附以個人投考及任職的實例經驗，堪稱為有志投考公務員者的重要指南，故樂為之序。

最後，預祝有志投考公務員者，能藉此書而得以圓夢，進而為香港市民盡心服務，而成為一國兩制及安邦定國的重要一員。

李金強
香港浸會大學歷史系榮休教授
2023 年聖誕節日

序二

昔日香港在回歸前後，國內與海外很多人曾經興起「香港熱」的探究，對於這片土地被英國殖民管治一百多餘年後回歸所屬，當中又能平穩過渡交接，各地民眾頓時顯得十分好奇與關心。

正好本書作者透過香港回歸歷史轉變過後，近年香港文化的發展，及其過程中我們如何用新的思維去看待與認識一個經已回歸二十多年之特區政府的工作，以及它的施政方針和內在條件的增修，以至政府工作的需要和理解等，作出簡明指導。

字裏行間，作者又透過長年累月對投考政府工作及部門文化的客觀分析、融合、檢討，繼而收集不同素材，再加以多方面進行甄別、歸納、整理，付出大量精神與誠意。期望書中內容能對需要者有所啟發和多元參考，並能透徹地針對有興趣投考政府工作者，可以從中集思廣益、相得益彰。

最後，憑內文取態，試引舉《論語》中傳頌至今的名言「仕而優則學，學而優則仕」，此理意喻學習與做官理應相映為之同歸。由學入仕或由仕入學，均是一脈相承，彼此兩者不應將其關係割裂分開。其主張的是「入仕」，就是要通過做官來實踐自己的能力，造福社會。孔夫子的「仁」與「禮」均是國家施政和個人自我修養的重要準則，倘若投考者有幸得以成功，日後無論官大官小，亦視之為國家棟樑，為天地立心、為生民立命，精思力踐，毅然以聖人之詣，不斷弘揚華夏文明，世代傳承。

李啟雄

國際多元生命教育發展協會

校長

貳零貳叁 深冬

前言

本書是綜合我多年來失敗經驗的薈萃。如果以申請職位數目計算，我匯集自身、親人及朋友起碼有多達百次失敗的經驗。我相信一個身經百戰，屢敗屢戰的考生，比起一個一 take 過成功的考生，面試的實戰經驗和心得，定必更為豐富。我曾經立下限期，若 40 歲都考不到心儀政府工就放棄好了。最後經過自己系統化的改正，並思考招聘背後的遊戲規則、模式和程序，卒之未夠 35 歲已經成功——從紀律部隊散仔，成功考到相當於行政主任級的工作。

本書未必能夠令到讀者一 take 過考取心儀職位，但只要大家透過這些失敗經驗的分享和回顧去學習，就已達致成功的一半（另一半就是該財政年度招聘人數多寡、自身學歷、經驗、技能和運氣）。借用電影《笑傲江湖》的概念來演繹，就是說書中每一招都是從敗招演化出來，雖然是敗招，但武林中肯從敗招求出道理又有幾多人？所以，只要你好好檢視、思考及研究本書的「敗招精華」，都一樣會是好手。

本著作並非官方考試指引，實為一本投考香港政府工的經驗綜合指南，內容分為六篇：**背景篇、投考篇、初試篇、面試篇、檢討篇及問答篇**。旨在介紹有意投考政府工的讀者，先就自身學歷、背景和經驗去選擇工作，再指示應該何時及如何投考，然後分析初試和面試的考試方法及內容；完成整個過程後，再總結成敗得失，無論入選或落選，下一步應該怎樣走下去。

大家準備好了嗎？下回開始，敗招精華，正式分解。

目錄

第一章

背景篇

睇清政府工種，知己知彼

正所謂「知己知彼，百戰百勝」。考政府工前要知道政府要怎樣的人，即是心儀職位是否跟自己的條件匹配。理論上，學歷愈好，愈多機會。以下我會將工種分類，讀者可以視乎自己學歷、工作經驗等，決定投考哪一類別的政府工。

001
了解不同政府工的
不同學歷、經驗要求

讀中學時，同學已經立下鴻圖大計，立志長大後要做政府工，因為是「鐵飯碗」。但是具體要做甚麼政府工？文儀說「當差」，珮兒就更籠統，說要做文職。其實政府工的具體工作內容、入職要求是甚麼，很多人都搞不清楚……

截至 2022 年 3 月，香港政府公務員編制為 192,600 個職位。[1] 其實無論是在政府總部上班的常任秘書長，還是在沙頭角口岸工作的二級工人，都是政府工的一員。如果讀者跟文儀、珮兒一樣想投考政府工，你們又是否知道哪一份政府工既適合自己個性，又有足夠條件投考？

概括來說，我把政府工的入職條件分為七個：❶ 專業資格 ❷ 大學學歷 ❸ 中七/DSE 學歷 ❹ 會考/DSE 學歷 ❺ 中五畢業 ❻ 中三/中四學歷 ❼ 小學學歷，以下將逐一講解。

---

1 立法會秘書處資料研究組，公務員及資助機構員工事務：《數據透視》ISSH22/2023，頁一。

1　要求專業資格、專門技能的工作

1.1　專業職系工作

☑ 專業資歷
☑ 綜合招聘考試成績

例子：醫生、牙科醫生和政府律師

這類工作除了須擁有專業資歷外，一般還要擁有綜合招聘考試指定成績。

綜合招聘考試（CRE）

綜合招聘考試是政府為了考核大學生的水平，而設立的中、英文和能力傾向測試。只要你擁有大學學歷，或是應屆、來屆畢業的大學生就可以報考。由於報考免費，成績更永久有效，因此即使你現在對政府工不感興趣，依然強烈建議報考。理想目標是考到中、英文二級和能力傾向測試及格為止。未達目標，可以下一年免費重報。題目更都是多項選擇題[1]。

1.2 要求專業資歷的工作

☑ 專門學歷或學徒背景

例子：海事主任、高級技工

這類工作雖然不是社會上泛稱的專業人士，但其實會要求一些專有的學歷、資歷或學徒背景。

---

1 多項選擇題的竅門可以參考第三章〈初試篇〉。

2　要求大學學歷及綜合招聘考試成績的工作

2.1　無要求大學主修特別學科，亦無工作經驗要求

☑ 大學學歷
☑ 綜合招聘考試成績
☒ 大學主修特別學科
☒ 工作經驗

例子：二級行政主任、政務主任、二級助理勞工事務主任等（一般在聯合招聘考試招聘的職位都有同樣要求）

這類工作都是要求大學畢業，並且必須有綜合招聘考試成績，然而沒要求任何工作經驗。是的，別以為有工作經驗就一定好，有說如果有其他工作經驗，較難灌輸其相關部門文化。

2.2　表面沒有其他要求

☑ 大學學歷
☑ 綜合招聘考試成績

例子：圖書館助理館長

這類工作同樣只是要求大學畢業和綜合招聘考試成績，沒表明修讀指定學科或工作經驗要求。但由於有海量考生，實際上會傾向挑選一些有相關學歷和經驗的人去面試，例如有說法指圖書館助理館長會挑選一些讀過圖書館學和行政學的人去面試。

2.3 指明要主修特定大學學科

☑ 大學學歷
☑ 綜合招聘考試成績
☑ 主修特定大學學科

例子：二級破產管理主任、助理檔案主任、二級會計主任、經濟主任、二級助理館長（歷史）和二級助理館長（藝術工作類別）

這類工作的要求比例子 2.2 的清晰，若你沒有主修特定大學學科，那就不用考慮了。

3 要求中七 /DSE 程度學歷的工作

這裏的中七 /DSE 程度是指：高級程度會考兩科 E，及會考三科 C（或 3 級）和會考中、英文及格；或 DSE 五科 3 級及中、英文及格。

3.1 毋須工作經驗

☑ 中七 / DSE 程度
☒ 工作經驗

例子：紀律部隊的幫辦（即警務處督察、海關督察、消防主任、入境事務主任、懲教主任，但不包括廉政主任、政府飛行服務隊）

這類工作的入職要求跟上述項目 2.1 基本一樣，只不過紀律部隊理論上學歷要求較低，但近年其實無大學學歷都比較少成功考到的例子。同樣地，紀律部隊的幫辦沒要求任何工作經驗，有說法指這是因為他們覺得如果你被「染污」，更難灌輸相關部門文化。

政府部門的理念有很多與私人公司不同。政府作為龐大機構，有資源、時間去慢慢培訓一個人才，不求員工已經在其他公司學習和成長，反而要親手孕育出「親生仔」。這個情況跟私人公司的 management trainee 較近似。另一方面，紀律部隊幫辦入職時都要入學堂受訓，一般為期半年或以上，比上述項目 2.1 有足夠時間去培訓員工，所以不求員工身經百戰。

另外，若你持有大學學歷做幫辦，想享有大學學歷起薪點，必須考到綜合招聘考試指定成績，否則即使請你，也只能獲非大學生的起薪點。

事例

破解迷思：先考散仔，進入體制就容易晉升？

朋友大學畢業後，常聽父母之言，早日投身政府長工，職位不拘，於是成為一個海關散仔，望他日在體制裏頭晉升更為容易。但他打從 2007 年考到 2016 年都失敗。究其原因，非官方說法是：

1) 每一個散仔晉升幫辦後，都要再招聘一個散仔填補空缺，浪費部門資源；
2) 部門想吸納外界新血，認為部門中的散仔都沒有獨當一面的能力；
3) 幫辦級的人不欲與前散仔平起平坐，所以部門不熱衷於散仔升上幫辦；
4) 上世紀 80 至 90 年代時，很多散仔升上幫辦，口碑不甚了了，造成部門對升散仔有偏見。

可見，「入了體制裏面，會容易晉升上去」是一廂情願的想法，事實是不一定的。但是也有一些正面例子，例如：有說法是海關督察較喜愛聘請警員，司法書記曾經熱衷招聘紀律部隊。

結論是如果你現在做的私營機構工作還不錯，不要一廂情願衝去考該部門較低級職位，從而妄想入職後較街外人更容易再考上主任級或幫辦職位，實情是不一定有優勢，甚至反而為自己造成劣勢。

3.2 看重工作經驗的工作

☑ 中七 / DSE 程度
☑ 工作經驗

例子：司法書記、律政書記、二級土地註冊主任、房屋事務主任等

這類工作的基本學歷要求跟上述 3.1 的職位沒有分別，不同的是即使你有大學學歷也不會享受到更高起薪點。另外，有說法指一般不聘請全無工作經驗的考生，因此有工作經驗是一個優勢，例如司法書記曾經聘請不少有紀律部隊經驗的人。

4 會考 /DSE 學歷

4.1 要求指定會考/DSE 成績或完成毅進文憑的工作

☑ 會考五科 E 級或 2 級（包括中英文）或
☑ DSE 五科 2 級（包括中英文）或
☑ 完成毅進文憑

例子：關員、入境事務助理、消防員、救護員、社會保障助理、助理文書主任（五科成績必須包括數學科）

注意事項

- 投考警員的，如沒有中英文及格成績，可以在申請後，通過遴選警員的筆試，考獲中文及英文多項選擇題測驗及格代替[1]。

- 如果五科之中包括會考數學 E 級或 DSE 數學 2級，可以考助理文書主任（ACO）。注意，毅進文憑相當於 DSE 五科 2 級（包括中英文）；

---

1 關於多項選擇題的戰略，請參考第三章〈初試篇〉。

如果持毅進資歷想考 ACO，必須成功修畢延伸數學選修科目，你也可以自行再報考 DSE 數學科，考獲 2 級就可以考 ACO。

· 注意以上指的五科成績，其實可以用合併成績（"combined cert"）。不會如當年升學 "combined cert" 要扣分的做法，考生可以無限次考，五科甚至可以分開五年考。例如你可以 2020 年中文 2 級、2021 年英文 2 級、2022 年中史 E、2023 年體育 E 及 2024 年文學 E。不過必須是真正不同的五科，例如你不可以中英及格外，每年都只去考中史取得 E。

由於決定是否聘請你的面試考官，不是檢查你文件的職員，所以不必擔憂有過多張考試證書會令到考官煩厭。分五年考不見得會影響考官對你的觀感，反而可能更顯示你的毅力。

小貼士

- 其實只要滿 19 歲都可以自修生身份報考 DSE。愚見認為，語文和數學是相對比較難，但其他「閒科」，你總會找到一兩科有興趣吧！即使無，都會找到一些相對有興趣的。只要你願意花一年時間去準備，特別是該科目設有多項選擇題下，要獲得 A 很難，但現在目標只是 E，即及格，並非 mission impossible。有志者，事竟成。關於多項選擇題的戰略，請參考〈初試篇〉的多項選擇題應對法。

- 曾經聽說有些不要求大學程度的職位，因為太多考生，於是篩選方法是看申請人的公開考試成績有多少個 ABC 來決定。雖然大家也許覺得已經畢業 N 年，甚至讀完大學，居然還要鬥 N 年前的公開考試成績。但是有些部門入職要求只是會考程度，為了方便，不設初試，就用這個篩選方法了。會考已經成為歷史，**如果你有心考政府工，建議不妨重新報考 DSE，爭取更好成績。**

4.2 表面只要求指定會考/DSE 成績，實際無相關資歷、經驗不會考慮。

☑ 學歷要求同 4.1
☑ 相關經驗

例子：驗房主任

5 只要求中五畢業

☑ 中五畢業
☒ 相關經驗

例子：二級懲教助理

二級懲教助理已經是紀律部隊散仔學歷要求最低的。如果你有上述項目 4.1 的資歷，可以有更高起薪點。

如果你沒有會考或 DSE 的及格成績，二級懲教助理會是不錯的選項，起薪點比文職高。不但只須中五畢業及在投考時通過中、英文筆試就合資格，而且該職系只需要升一級就成為一級懲教助理，薪金相當於海關、消防處和入境處散仔要升兩級才有的頂薪點。

6 中三 / 中四學歷

☑ 中三 / 中四學歷
☒ 公開試成績

中四學歷例子：文書助理（CA）、二級文化工作助理員（CSA）、執達主任助理、助理物料供應員、郵差

中三學歷例子：行動及訓練助理員、交通督導員

除了下文第 ❼ 點工種等少數職系外，此類工種是學歷或資歷要求最少的，而且相對第 ❼ 點工種有更大發展空間。雖然此類工種中很多職位如 CA、執達主任助理、助理物料供應員和行動及訓練助理員都是沒有升級機會的職系[1]，但是這些職位部分有特別 quota 去考到另一更高職系，例如 CA 會定期有特別內部 quota 考去更高級的助理文書主任職系。

而且此類工種只要求中三或中四程度學歷，並沒有指明會考或 DSE 等公開試成績要求。如果你很想做政府工，卻沒有公開試成績，又自問無可能再挑戰 DSE，此類工種會是你的最佳選擇。

---

1 關於職系事宜，可以參閱下文 002 部分（第 25 頁）的詳細講解。

7 小學學歷

☑ 小學學歷
☑ 懂簡單中英文

例子：二級工人、一級工人、物料供應服務員和工目

現在政府除了二級工人和一級工人外，已很少有這類工作的招聘。另外，這類型工作都屬於第一標準薪級表，即是工作時數不包括膳食時間的一小時。

▶▶▶ 小結

想考政府工，但未符合最低學歷要求？我有辦法！

我明白不是人人都有資質或一帆風順可以考獲會考、高級程度會考或 DSE 及格成績，但是有心不怕遲，坊間有不少夜中學課程，你只要去讀夜校進修，完成要求出席率就會有畢業證書，能滿足上述第 ❺ 至 ❼ 類職位的入職要求。

第 ❺ 至 ❼ 類職位是不要求公開試成績的。想做政府工，不一定是「狀元」才有機會，你我都可以。以下是教育局指定夜間成人教育課程資助計劃的網站，以供參考：

002
政府職系是甚麼？你想報考的工作屬於哪個政府職系？

政府工分為很多個不同職系，首要是分為一般職系（General Grades）和部門職系（Departmental Grades）。部門職系再可以概括分為文職和紀律部隊。

1　一般職系和部門職系的分別

一般職系的工種不是太多，如政務主任、二級行政主任、助理文書主任、文書助理和二級私人秘書等等。一般職系的特點就是員工可能會被派到不同部門、司和局工作，「有辣有唔辣」，好處是員工如果做得不開心，從既定機制可以入紙申請，隨機調去其他部門工作；壞處是工種太廣泛，與入職前的想像可能有落差。例如應聘文書助理被調派到體育場館做售票、管理場地等工作；助理文書主任被調派去稅務局工作，等等。

若非一般職系的工種，就是部門職系。部門職系有文職，例如助理稅務主任、郵務員、地政主任和行動及訓練主任等；也有紀律部隊，例如警員、督察、關員、消防隊目、懲教主任和入境事務主任等等。

2 　文職和紀律部隊的分野

文職是相對於紀律部隊而言的，不一定代表全程在辦公室工作。例如醫療輔助隊的行動及訓練主任、民安處的行動及訓練主任和食環署的助理小販管理主任，雖然屬於文職編制，但工作範疇可以與紀律部隊比擬。雖然有說法，稱醫療輔助隊的行動及訓練主任、民安處的行動及訓練主任為紀律部隊，但狹義的紀律部隊只有該職位使用紀律部隊薪級表支薪，附帶紀律部隊宿舍等福利的才算。所以紀律部隊只涵蓋**警隊、消防處、海關、懲教署、入境處、飛行服務隊**。

廉政公署也可以算是紀律部隊之一，一樣受紀律約束和享受宿舍待遇，不過較為特別的是，其職位是公務員合約，而非長工。另外，紀律部隊職員都劃一較文職早五年退休。（2023 年新入職者的法定退休年齡，文職是 65 歲，紀律部隊是 60 歲。）

而在上述警隊、消防處、海關、懲教署、入境處、飛行服務隊和廉政公署工作的，也不一定是紀律部隊，例如警務處的警察通訊員、海關的助理貿易管制主任，就不是紀律部隊，沒有宿舍福利。考生投考時要多加留意。我們可以從該職位按哪種薪級表支薪去理解。按紀律人員薪級表支薪的必然是紀律部隊，反之按總薪級表支薪就是文職了。

3 不同職系有甚麼影響

政府職位是不會從一個職系升職到另一職系的。例如關員升職是高級關員，再升一級是總關員。關員是不會升到海關督察，因為是不同職系。但關員可以考去海關督察。

升和考的分別：

1) 升是指按你的表現和年資擢升，一般來說「街外人」是不能直接入職做任何一個職系中較高級或資深職級。（2000 年代時，政府曾經讓一般市民直接投考高級政務主任，但現在這種例外情況已很罕見。）

2) 考是一般市民都可以按其資歷、技能去投考，不受年資所影響。

3) 在升與考之間有一個特別情況，就是特別擢升階梯。
   即讓實際工資較低或較下級的職位向上流，有特別
   quota 去考較高級的職系，常見於紀律部隊散仔考
   幫辦、文書助理考助理文書主任、文書主任考行政
   主任、行政主任考政務主任。

另外，須特別指出，有些職系是不會晉升的，只能考去
另一個高級職系，更上一層樓。例如文書助理、助理物
料供應員、民安處的行動及訓練助理、司法機構的調查
主任和執達主任助理。因為這些職系本身只有一級，做
得再好也不可能晉升，所以他們的「晉升」其實只是成
功考到另一個更高級職系的職位。

第二章

投考篇

學懂報考攻略，突圍而出

今時今日，政府會在招聘網站公開招聘，所有政府公務員長工和部分非公務員合約都可以網上申請。正因申請手續十分簡單方便，許多政府工都會收到海量申請，想突圍而出，就要從細節着手。

投考攻略

報考前，可以先了解一下心儀職位於該次招聘多少人，以評估成功機會。同時，建議擇個「良辰吉日」，並做足萬全準備，才能增加在芸芸考生中突圍的機會。

引用電影《新紮師妹》的對白：「考到警察不必多謝親友、特首等，其實最重要多得當年警力嚴重不足。」若你考一個職位，之前的財政年度請 100 人和今年的財政年度請 10 人，篩選標準會是天淵之別，難度差天共地。至於請多少人，要視乎該職系本身人數、之前年度流失率和財政年度獲得的撥款等。

想知道該年度請多少人，最簡單的方法是看新聞。如果新聞沒有講，就可以用公開資料守則的表格去諮詢，又或者用職系人數多少去推理，例如民安處的行動及訓練主任職系本身人數很少，只有不足 100 人，相比起警務處督察職系達到超過 2,000 人來說，很難相信會有一次招聘是行動及訓練主任比督察需要更多人手。難怪督察多年來都是全年接受申請，而行動及訓練主任幾年才招募一次。如果單以成功機會率來看，我絕對相信考督察比行動及訓練主任容易。

實戰報考貼士：

1 盡量以網上方法交表

首先網上申請會收到確認電郵，免卻郵遞寄失風險。而且打字比手寫字工整，予人整齊的感覺。加上，用網上遞交方法，可以儲存好基本資料，到真正遞交時再 update 少量資料，例如工作經驗中的就職日期，方便快捷。

2 擇好日子、時間交表

不是說要看通勝了解每日宜忌，但報考工作確實有「良辰吉日」。

首先，為表現你對該工作有濃厚興趣，應盡快投考，切忌在最後一刻才報名。網上報名的話，不要在工作天的

午膳時間、深宵、凌晨報考。我建議最好在平日晚上和星期六、星期日白天、晚上報考。因為網上報名會有遞交時間，細心的考官有機會憑時間了解考生，例如見到凌晨二時都還未休息，又或者辦公時間內也能遞交申請表；為免不必要的成見，不如在每日晚上 8:00 至 11:00 遞交申請最保險。

至於交表日子，舉例來說，一份工可以在 2023 年 12 月 1 至 10 日遞交申請，我會建議最起碼在 12 月 1 至 12 月 6 日交表。為甚麼要盡早交表，原因如下：

1) 如果對該工作很感興趣，應該一直有留意這份工作及所屬部門，怎麼會弄至最後一刻才申請？

2) 如果你在最後一刻才申請，有機會讓人懷疑你的做事風格會否就是「臨急抱佛腳」，凡是「底線滑行」，或要求自己在及格線上就算了，得過且過？

3) 如果你在網上申請，最後一刻較大可能「塞車」，導致報不上。

4) 先報名的考生，很大機會會有更多 quota 考上這份工作。我會在〈面試篇〉再詳細解釋這原因。

基於以上四點，我想不到在最後一刻或最後一兩天報考有何好處，既然之前已經準備好申請表，何不早點報名？

3 認真填寫 G.F.340 表格

所有政府職位空缺的申請都必須遞交指定的申請表格
G.F.340，而接受網上申請的職位也要使用 G.F.340
網上申請系統，因此每一次報政府工，彷彿只是更新
G.F.340 表格一小部分，千篇一律。不過，往往都有申
請人忽略了招聘廣告的細節！

近年來很多工作為了篩走海量的申請者，所以在遞交文
件要求方面更嚴格。通常「魔鬼細節」在申請手續一
欄，例如擁海外學歷人士要郵寄影印本。若你未按要求
填表或遞交文件，有可能就投考止步。又例如要郵寄補
充資料表格，但表格上要求的資料其實和 G.F.340 一
樣。姑勿論為甚麼招聘部門架床疊屋，但只要你沒按要
求交齊所有文件就馬上投考失敗。

事例

地政主任要求考生要寫清楚駕駛執照有效期，然而
G.F.340 表格專業資格部分本身沒有有效期一欄，
所以考生要按其招聘廣告指示的規格填寫資料。

4　遞交 cover letter 及 resume

可能因為心儀工作入職條件太籠統，又或者你的學歷、工作經驗十分典型，令你在 G.F. 340 的「外觀」都與其他考生千篇一律，難以突圍。那我們可以在遞交申請表時，將 cover letter 及 resume 連同 G.F. 340 表格一起遞交，例如知識產權署就歡迎這個做法。雖然有些部門沒人會看，交過去也是白費，但不見得交了會有害處；因此值得遞交，令你有機會在海量考生中突圍而出。

事例

朋友在投考知識產權署時，自恃作為海關關員有維護知識產權經驗，胸有成竹的在工作經驗欄填寫海關關員廣告中的職位描述，然後將學歷副本資料郵寄去知識產權署。後來怕會否郵資不足被退回而致電詢問。與職員言談間，他講述自己是關員，覺得成數較高；那位職員很熱心，問作為關員有沒有具體寫出保障知識產權的經驗，朋友答 G.F. 340 沒有位置寫。職員就說可以附加 cover letter 詳述。朋友問申請廣告沒有指明，真的可以嗎？

職員答：「其實有這麼多海關關員報名，你最好清楚指出自己真的有從事保障知識產權經驗，篩選時會以 cover letter 和 resume 去判別。雖然我不肯定其他部門會否接受你的 cover letter 和 resume，但是縱使呈上，最多只是白交，不會有負面影響吧！」

朋友很感恩這位職員的教導，從此每次投考政府職位，朋友和我也一併預備 cover letter 和 resume。

5　考好 DSE、綜合招聘考試和《基本法及香港國安法》測試（BLNST）

讀者在投考政府工前，應完成一切可以事前準備的考試。〈背景篇〉第 3.2 及第 4 類的文職工種最有可能看重公開試成績。極端例子是你有大學學歷，但沒有公開試成績都沒獲得面試機會，因為職位入職條件只要求 DSE 學歷，初步篩選完全看你的 DSE 成績。這種情況常見於一些投考後無初試、直接 "final in"（final interview，最後面試）的職位。

綜合招聘考試在〈背景篇〉（第九頁）已經介紹過，如

果你擁有大學學歷，可以無限次報考；既然有時間又免費報考，務必要考到中、英文二級和能力傾向測試及格為止。

另一方面，現在所有政府工入職前都要取得《基本法及香港國安法》測試（BLNST）及格成績。每年政府都會在舉辦綜合招聘考試時，連同《基本法及香港國安法》測試一併舉行，讓擁有大學學歷、應屆或來屆大學畢業的市民報考。

為減輕面試時的負擔，強烈建議預早考好綜合招聘考試、《基本法及香港國安法》測試，以免一次過考多個考試而影響最後面試的表現。

6 其他技能

有些技能對某些政府工有重大的優勢，例如你懂得法語，對投考知識產權署很有幫助。另外，持有駕駛執照，更是投考地政主任和運輸督察的必要條件。因此投考這些工作時，一定要將這些資歷填上。如果你認為你的資歷未達到專業，G.F.340 沒有一欄適合你填寫，你可以寫在 resume 上。所以除了遞交 G.F.340 外，額外交上 resume 是一個很好推銷自己的方法。

第三章

初試篇

摸清初試底細，過關斬將

有的政府工是「一試定生死」，但亦有不少是要
考生過五關斬六將才能奪得心儀職位。想到關卡
花款多多，收到初試邀請信時考生可能都會被嚇
怕，其實測試萬變不離其宗，只要摸清各類初試
底細，自可了然於胸，無所畏懼。

初試的分類

從前，很多職位都是「一take過」，考生收到信就直接 "final in"，「一試定生死」。隨着近年越來越多人投考，所以增加了形形色色的關卡，別無他意，就是為了篩走海量的申請者。

為避免 "final in" 時的考生人數過多，讓考官難以揀選，亦不會因考生太少，而令考官揀無可揀；一般來說，能夠進入最後面試的候選考生數目，不應該超過招聘人數的五倍。[1] 篩選考生的方式五花八門，但主要可分為不設配額的初試和設配額的初試。

以下將會舉例不同部門的考核方法，雖不能盡錄，但萬變不離其宗。要留意的是，有些初試如小組討論、體能測試等只會以電郵發通知書給考生。雖然通知信千篇一律，但我們必須認真看清楚細則。舉例有很多初試，要

1　卜約翰（John P.Burns）著，廓錦鈞譯：《政府管治能力與香港公務員》（中文增訂本），頁236。牛津大學出版社（中國），2010。

求考生必須打印電郵 hard copy 方能出席。另外，值得注意的是，體能測試和技能測試不設 quota，只要及格就可以過關進入下一環節。

001
不設配額的初試

此類初試不設配額，代表考生只要考試達標，就可以過關，不必理會其他考生會否比自己做得更好而遭淘汰（即俗稱的拉 curve）。

1 體能測試

體能測試是投考紀律部隊（包括廣義的紀律部隊，例如民安處和醫療輔助隊等）獨有的項目。部門網頁上已經註明要求是甚麼，考試前，自己在家試做就大概知道能否過關。

體能測試會考幾個項目，從前各紀律部隊除了要求每個項目及格外，更要整體獲得一定的分數才能過關。舉例來說，入境處有五項測驗，每項目評分由 0 至 5 分，所有項目都必須及格（即起碼獲得 1 分），而考生總共要得到 15 分才能通過這個體能測試。

我不是體能達人，但以一般人的標準來說，每個人都應

投考 公務員 致勝兵法

該有長項，有弱項，所以長項應該盡量爭取多些分，不要留力。而且，考官不會就每個項目跟你報分，例如穿梭跑，你只會因為考官叫你考下一個動作，才知道自己及格；相反，不及格就馬上走人。因此你很難清晰地知道自己前四項動作是否已「爆分」（即是夠分數），而做最後一項就留力，但求及格。

現在部分部門（如警務處和懲教署）都簡化體能考試，只要求所有項目合格，廢除了要達到一定分數的要求。這個對體能平平的考生來說是莫大的好消息。

另外有兩點要請考生注意：

1）很多時是與測驗官一對一測試，所以首先你要很好禮貌。測驗官操「生殺大權」，一些動作如 sit

up，每個動作是瞬息之間的變動，捉得嚴與鬆對評核影響很大。又例如考靜態肌力測試，如果考官有教你做好正確姿勢及如何發力（如腰背挺直等），將直接地影響成績。

2）體能測試很多時候和另一關（如小組討論或即席演講等）在同一天進行。如果體能測試連着另一關考試，記得一定要帶西裝去替換，因為印象分很重要。曾經有考生打電話問是否要穿西裝，職員說沒有指明。是的，職員沒有答錯，的確沒有指明。你不穿西裝可以考，但 pass 的機會率可能就大大減少了。我也曾經試過帶了西裝，但考官沒給時間讓考生去更換，那就無所謂，因為人人都穿運動服，你就不會特別被扣分。為應付這個要穿運動裝應考其他考試的可能性，請穿着得體一點的運動服（不宜背心）應試，而且一定帶備運動裝外套。

我平時對蹲撑立胸有成竹。怎料投考入境處時，臨場被考官說站得不夠直，蹲得不夠低 foul 了幾下……因此就在這單一項目不及格，結果其他項目再高分也不管用。所以我會教人寧願「做足啲」，否則你被 foul 一、兩下，就會慌張起來，更影響整體表現，最後因快得慢，「偷雞唔到蝕揸米」。

我見過考生考海關靜態肌力測試時，考官沒有糾正沒有腰背挺直的考生（也可能是該考生沒有仔細聆聽和跟從），最後動作錯誤，僅僅及格。所以，請謹記虛心聆聽考官指示。

2 技能測試

1）技能測試不同於體能測試，旨在考核考生有沒有能力去完成工作上必須的技能。

2）有一些測試可以說對某些考生輕而易舉，例如民安處考核考生有否畏高，要你繫上安全帶走出高樓，

如果沒有畏高症，其實幾乎沒有難度，反正保證安全。

3) 有一些測試是類近體能測試，例如民安處考核考生背着水袋走上幾層樓，就是模擬幫忙救火的工作。

4) 文書處理的技能測試：

投考助理文書主任、文書助理、二級私人秘書均須通過的測試，分別考中英文打字、Microsoft Word 和 Excel 應用。

中英文打字測試

考核你五分鐘內要完成一定的字數，中文 100 字，英文 150 字，即每分鐘中文要打 20 字，英文要打 30 字，但容許錯五個字。題目上會有字數指標，你會看到打到哪裏方為第 25、50、75、100 個字。

中文打字測試竅門

中文不同於英文，有些字我們未必馬上搞得清編碼。在可以錯五個字的基準下，我們見到一個字不肯定怎麼打出來的時候，不要糾纏下去，應馬上打下一個字。你只要夠速度打到去第105個字，錯字不多於五個就足夠了。如果還夠時間打下去，就看清楚千萬不要打錯字，錯字達到六個就馬上disqualified，得不償失。

雖然原則上打得愈快和愈多字愈好，但**不要忘記文書處理的技能測試只要及格就可以進入下一關**了，我們應該先保住及格，其他就不要多想了。

Word 和 Excel 測試的溫習方法

對於 Word 和 Excel 測試，不要心存僥倖，我試過沒有溫習，然後當然不及格了。

其實測試的內容在考試邀請信有大概介紹，最簡單的溫習方法就是買一本講解文書處理的書籍去自學。

小結

不設配額的初試的主要目的，不是去「篩人」，只要你肯花時間鍛煉，一般來說總有機會過關的。

不同於下文第二項設配額初試（主要目的是篩走過多考生的初試）的變幻無常，體能測試是紀律部隊的常設測試；文書處理也是助理文書主任、文書助理和二級私人秘書的常設測試。無論應考考生多寡，兩種初試都一樣與招聘常在。

如果大家有心考，可以在招聘廣告出台前就去自行練習。體能測試的動作在各紀律部隊部門網頁長期有敘述。至於文書處理，你提早買一本講解文書處理的書籍去自學就可以了。

002
設配額的初試

不同於上文所述的不設配額初試，以下的各類初試，目標可以說是完全為了篩走過多的投考者。初試玩法變化多端，好讓進入最後面試的考生維持在適當的數目。

首先，有些工作從前不設初試，後來基於太多考生應考，要設初試篩選考生，例如通訊事務管理局辦公室的娛樂事務管理主任在 2010 年代是報名後直接最後面試的，但在 2020 年代投考，就須先通過筆試，過關後才能去最後面試；懲教主任在 2000 年代只須通過體能測試和作文就能進入最後面試，2010 年代則增加了小組討論環節，篩選考生。

有些部門可能基於吸納不同類型人才的原因，而改變初試形式，例如海關督察於 2000 及 2010 年代設有領導才能初試，現在已經摒棄這種初試。

以下的初試考試形式只是參考，同一個職位在不同年份招聘都會有不同形式的篩選初試。

1 小組討論

不同政府職位的小組討論也有所不同，有的考試題目有粵、英雙語各一題，有的只考廣東話小組討論，也有只考英語的小組討論。考生記得仔細看清楚邀請信及部門網頁的解說。有些考試時間是 20 至 30 分鐘一題，對共 10 個考生而言其實時間不多。部分部門考試時會給你紙筆記下重點。

有些小組討論先讓考生自我表達意見一至兩分鐘，才開始小組討論。但大部分小組討論規則是自由發言，不必先舉手，更沒有人維持秩序。有心理學家曾說，第一個發言的，會讓人留下深刻印象，可行的話，就爭取先發言表達己見吧！這樣就一定不會重複他人的意見。

自由發言時間要自己「執生」，完全不發言或「被不發言」（即因有人搶住講，以致完全無機會發言）一定不及格，但霸住講也可能 fail。

小組討論可以說是所有初試中最聽天由命、最受其他人影響的一個考核方式。一般來說，絕大部分政府工的小組討論環節並不會讓所有人都 pass，也不太可能所有人都 fail。如果全部考生過關與全部不合格兩個機會

率來比較，我更相信全部不合格的機會率比較有可能。假設有一個考生發狂「爆粗」及搗亂，其他人又不懂處理，全組人就很大機會被連累了。但是如果考官讓全部人都過關，那就有違幫最後面試大 Sir 篩走人的使命。試想，小組討論考官都是「打工仔」一名，上司叫你去篩走人，你居然經常讓全組人都過關，怎麼向上司交代？難道跟上司說組組都人才濟濟，皆大歡喜？因此，小組討論最常見的結果是組內有人 pass，有人 fail。至於究竟是 pass，還是 fail 的人多，不同職位就有不同情況了。

另外就是注意自己儀容，衣衫不整的會扣分，因此我們不要省下「置裝費」。由於男考生的西裝也不外乎藍、黑、灰三色，所以可以從領帶入手，建議買一條既不太沉，又不太 sharp 的。女生衣着要莊重，若是長頭髮的女生，可以如紀律部隊長髮女職員般束起頭髮，給予別人端莊合宜的印象。

參與小組討論當日，你不是和所有考生競爭，而是局部地和同組約九人競爭。幸運之神嚴重地左右大局，如果你同組都是哈佛和牛津的畢業生，你的成功機會就相對變低了；反之，如果同組全是「豬隊友」，你就過關在望。在此先祝大家好運！

上文已經解說每次小組討論都一定會有人被「篩走」。因此我有一個「另類」的取勝技巧，就是主動去找一些「豬隊友」去跟自己同組，靠他們來「交數」，增加自己的過關機會。但未開口很難知道每個人的真實力，那就憑外表及衣着估計。衣衫不整的（如穿牛仔褲），就最容易被 fail。曾經有一次考海關督察，同一批上午 11:00 考試的人，排名不分先後，以排隊入場次序分組。如果我下次再考，又是這樣分組的話，我就知道要盡可能找一些沒穿外套、衣衫不整的「豬隊友」排我前後。如果一組 10 人中，要 foul 七人才能「交數」，看起來較弱的人愈多，自己被 foul 的機會也就減少了。

不過，未必份份工的小組討論都以上述方法去分組，我們只能嘗試，不能強求！

另一次經驗是參與入境處的小組討論，題目是外籍家傭對香港經濟的貢獻。我就表達自己反對外傭，指出外傭搶去本地不少願意擔任家務助理的婦女的飯碗，80年代時經濟超好，香港尚且可以承受，現在應該廢除外傭制度。

無論站在部門立場和香港人主流立場，都是支持外傭制度。我以為力排眾議，舌戰群雄好好玩，有發揮機會。很可惜，小組討論不是參與電影演出，發揮、搶鏡不是重點。反而力排眾議很容易讓人覺得你偏激──偏激是政府公務員大忌，無論初試、面試，甚至入職後，都切忌偏激。

結果，我沒有機會進入最後一關。所以如果你遇上一個題目和部門立場相左，你要好好考慮如何作答。即使持不同意見，也要持平表達。

2 多項選擇題（MC）

首先，要了解考試內容是甚麼，有機會是部門知識、中英文，或能力傾向測試。如果考試通知信沒有提及，宜溫習部門知識。多項選擇題的規則就是從四個（也有少部分部門為五個）答案之中選出一個正確答案。答案紙只會通過電腦檢視，而非人手評核。所以你首先要買新的 HB 鉛筆和擦膠，作答時按樣本指示填滿空框，如果填得不好，電腦未能感應就會失分。另外，一般來說，答錯不會扣分，所以務必作答所有題目，讓每一題都不會有空框。

我們面對多項選擇題，首先要了解考試時間多寡，作出不同的作答戰術。如 30 題考 40 分鐘和 40 題考 30 分鐘就大有不同。

時間寬鬆下的戰術
平均分佈原則

例如 30 題考 40 分鐘，即是每一題有多於一分鐘時間去做。

假如該考試要計數，那麼這考試時間還算剛剛好。但如果純知識題，一看題目就知道自己懂不懂，那就意味着

時間好充裕！當時間很多，你可以做一個統計表計算答案比例。

綜合經驗，香港公務員招聘考試的MC題答案大都1:1:1:1。例如總共40題，只有ABCD四個答案，亦即A有10條、B有10條、C有10條和D有10條。假設你有36題是肯定答案，你就應該統計你那36題中ABCD所佔的比例。假設，肯定的36條中有A有10條，B有10條，C有九條，而D有七條，你就應該將剩下不肯定的四條都答D，那你「撞中」的機會將大大提高。

答案	題目總共 40 題。我肯定答對的題數有 36 題。ABCD 分佈如下：
A	10
B	10
C	9
D	7

分析：

剩下來，我有四條不懂，個個答案都看似差不多，沒有回答方向。我惟有「靠估」。我估計那四條問題中會有三題是D，一題是C。所以我全數答D，就能大大提高「撞中」的機會。

馬上選馬上填策略

如果考試是 40 題考 30 分鐘，就是說你不可能一分鐘只做一題，上述**平均分佈原則的戰術完全不適用**。你必須看到題目，見到對的答案就馬上選，節省時間。例如第一題問題 1＋1=？如果你見到 A 答案是 1，B 是 2，你應該馬上填 B，不要再花時間看 C 和 D 的答案。

問題	答案
1＋1=?	A）1
	B）2
	C）3
	D）4

分析：

很明顯我一看題目就知道答案等於 2，接着就看到 A 不是 2，B 是 2，然後馬上手起筆落選 B。我不會再花時間看 C 和 D 答案是甚麼，也不會去思考那題目有無陰謀，「點解咁筍」。因為我知道「我係完全冇時間去諗多咗」！

總結

MC 考試訣竅就是先了解考的內容是甚麼，有機會是部門知識、中英文、能力傾向測試；如果考試通知信沒有提及，宜溫習部門知識為上。第二就是按考試時間和題目數量的比例來部署作答策略。

事例

我考基本法 MC 考試時，要在 20 分鐘完成 15 條題目。由於都是知識題，加上平均一題有超過一分鐘時間，我完成 15 題後還有很多時間剩下來。我有 13 題答案是肯定的，分別是四題 A、四題 B、三題 C、兩題 D；剩下來不肯定答案的有兩題。根據平均分佈原則，雖然 15 除以 4，除不盡，但起碼代表 ABCD 每個字母所代表的答案不超過四題。根據平均分佈原則，這意味着那兩題答案不是 C 就是 D，A 和 B 都肯定不是答案。

而我不肯定的兩題，我覺得四個答案之中，比較似是正確的就是 A 和 D。於是首先，我用 ABCD 平均分佈原則排除了 A 和 B；然後，本身四個答案中，我有一定把握不可能是 B 和 C。因此可以肯定剩下兩題答案會是 D，於是都填 D。最後我的成績是 100 分滿分，即 15 條全對。

基本法 MC 考試	總共 15 題
我已經肯定正確的 13 題，答案分佈如下：	
A)	4
B)	4
C)	3
D)	2

分析：

i) 根據 ABCD 平均分佈原則排除了 A 和 B；

ii) 剩下不懂得作答的兩題，ABCD 4 個答案中，我本身有一定把握不可能是 B 和 C，但肯定不了答案是 A 還是 D。

因此→肯定答案是 D。

結果→基本法 MC 考試 15 題全對，100 分。

注意： 這個「答案平均分佈原則」是我綜合不同經驗和實戰而得出，實情如何，難以知曉，就讓大家好好參詳。

3 領導才能

不同部門有不同的領導才能考核方法，例如會讓考生帶領幾個隊員（由現職員工扮演），去完成一個指定的項

目。這個測試與坊間的歷奇遊戲相類似，但最重點的是你不能落手落腳去參與，只能夠用口去叫隊員完成你的指示。

我曾在投考海關督察時遇到領導才能環節，下文將以該次經驗為例，分析領導才能測試的要點，供各位參考。

領導才能測試重點：

i. 不一定要完成整個遊戲

能夠完成遊戲固然好，不過即使你完成不了，但意思表達清晰，體現到你的領導才能，都可以及格。

ii. 不要花太多時間看題目

如果考官已經講解過題目，你不應該花太多時間去了解。

iii. 必須有 briefing

你要假設所有隊員甚麼都不知道。因此你要作出一個詳細的 briefing，介紹今日這個環節的目標是甚麼，總共有幾位隊員，多少物資，規則如何，怎樣注意安全，如何避免受傷等。

iv. 請隊員檢查場地、工具、裝備

Briefing 完，行動前，你應該叫隊員檢查場地、工具、裝備。不過有機會隊員會「搞事」，說有一些裝備損毀，例如繩有「披口」，怕有危險等。你可以回覆說不要緊，不會用到繩尾。

v. 必須「用齊」所有隊員

你不必用齊所有工具，但必須動用到所有人手方可過關（隊員工作比重不必同等）。

有些隊員是刻意表現為「殘疾」（如蒙着眼），有些則表現得好「寸」，只有部分隊員是正常人。

能者多勞，你可以倚賴正常人負責多點工作，但如果你完全沒有指揮過其中一個隊員工作，你必然不及格。

vi. 必須有 debriefing

無論你能否完成這個遊戲，你必須預留時間做 debriefing。

成功完成遊戲的可以多謝隊員，分析為何團隊可以成功完成遊戲。

未能完成遊戲的，則可以講解哪一方面做得不好，但看得見大家的努力。別責怪隊員，可以說因為默契不足，如再有下次合作機會，會更有默契。你亦可以表達你在過程注意到甚麼，可以如何改善。

4 即席演講

即席演講是考官給你一個題目，任你自由發揮，一般來說是粵、英語各一題，粵語題會給你一個中文字或簡短幾個字，英語題也會是一個英文字或簡短幾個字。給你題目後，準備時間只有短短 10 秒左右。但考生可以放心，一般題目不會太長，大概 10 個字以內，務求不會限制考生想像力。然後，你要作出三至五分鐘的演講。

由於題目太廣泛，可以只是一個中文字就要你編造一場演講，因此在內容方面，言之成理就可以，發揮空間超級大。

你必須在考試前多練習，叫朋友、親人隨意找個字詞、成語之類為你設題，然後自行計時作答。我們的目標是做到無論面對甚麼題目都可以很快講到內容，然後有組織、有條理地表達。切忌表達時中英夾雜，若考試時真的夾雜了也要若無其事進行下去。

由於題目千變萬化，唯一辦法就是多練習，特別是公開說話。

即席演講的談吐

即席演講是類似公開演講的考試，不同於最後面試的坐着一問一答，即席演講是要站立講幾分鐘。有些人會覺得難為情，然後面紅，愈講愈細聲。

我是過來人，從前面對多幾個人說話，都會緊張、無信心，於是壓低自己聲量，然後就臉紅。後來設身處地，代入聽眾角色，就理解聽眾望着講者其實只是禮儀，沒有特別用意。如果害怕他們的眼神，可以看着聽眾的額頭，外觀一樣，聽眾不會發現你實際迴避他們的眼神。一般即席演講考試，起碼有兩位考官，因此演講時，偶爾也要轉換「眼神交流」目標，不要死盯着主考官的眼睛。

至於細聲和臉紅是相輔相成的。如果刻意壓下自己的聲量，就會令呼吸不暢順，容易「紅都面埋」。因此使用平時說話的聲量，使自己在最熟悉和舒服的習慣下說話，呼吸暢順，就再沒臉紅問題了。

5 作文

1) 考前準備

作文通常都會考中、英文論文、實用文不等。考生宜考試前了解，看看部門網頁或考試邀請信有否提及。如果沒有提及，最好溫習一下實用文格式。

2) 字體

字體最好工整，否則嚴重影響印象分。

3) 你的立場

如果考論文，而題目跟部門有關，當然站在部門那一方會較容易寫。例如考通訊事務管理局時，問國安法會否影響電影創作自由，可以推論部門立場是「不影響」，那答題時最好先分析正反兩面立場，最後結論是不影響創作自由。

通常部門表明考生個人立場不會影響部門聘請與否。我的意見是：無論你立場如何，記着政府工最怕「激進」的意見，千祈唔好太激！

4) 應試策略

如果是在一個時段內完成一中一英題目，理應先完成英文再做中文。例如兩小時內完成一中一英，我會以 70 分鐘完成英文題，50 分鐘完成中文題。因為香港人很挑剔自己人的英文，反倒各位考生中文差距並不大，不如保留實力在英文卷的「主戰場」上。

作文如果考一題中文、一題英文，總共 120 分鐘，我建議的時間分配如下：	
❶ 先做英文	❷ 後做中文
70 分鐘	50 分鐘

6　辯論

辯論會將考生分為兩組，一般不讓考生自行選擇正或反方；如果能自行選擇，建議選跟部門立場一致的。

原因是，首先，立場與部門相同，考官一定較「啱聽」。其次，選擇與部門立場一致的一方較容易作答，只要到過部門網站瀏覽，不多不少都會有適合的資料可以應用。

我考廉政公署助理調查主任時，考官將我們分為正反兩組，就應否廢除廉政公署，由警務處執行防止貪污條例作辯論。我被編配為反方，即反對廢除廉政公署。

毫無疑問，部門立場一定是反對廢除廉政公署，否則大家齊齊「無得撈」啦！我因為被編為順着部門立場的一組，途中表達出「如果唔係交由警務處執行防止貪污條例，葛柏[1]都唔會咁易走到佬啦！」等歷史事件，讓考官知道我有溫習部門知識，成功過關。

---

1 葛柏（Peter Godber），曾任香港警隊總警司，因涉嫌貪污受賄而受警隊內部調查，於 1973 年 6 月成功潛逃英國，事件促成廉政公署成立，而「葛柏案」亦成為廉署處理的首宗大案。

聯合招聘考試（JRE）

綜合招聘考試（Common Recruitment Examination, CRE）和聯合招聘考試（Joint Recruitment Examination, JRE），無論中文名和英文名簡稱都極為相似。兩者分別如下：

綜合招聘考試（CRE） —— 嚴格來說不是投考政府工初試之一。即使你目前心目中並不打算報考任何政府工，依然可以去報考。報考 CRE 是為了將來真正投考某些政府工時，符合其入職基本要求或為了提升入職起薪點。作個比喻，就像你去報考 DSE，並不為投考任何一份工而去報考，最多只能說為將來作準備。因此，我只在背景篇介紹 CRE，不將 CRE 納入初試之一。另外，題目類型方面，CRE 都是多項選擇題（MC）。

聯合招聘考試（JRE） —— 是政府每年都為數份職位進行招聘的考試，這些職位每年也不一樣，但一定有政務主任和二級行政主任。2023 年就有政務主任、二級行政主任、勞工事務主任、貿易主任、管理參議主任和運輸主任的聯合招聘考試。除了政務主任和二級行政主任外，其他工作都曾經進行過單獨招聘。

考生在投考這些工作時，會於招聘廣告獲悉，遴選過程

其中之一的初試是 JRE。如果考生剛巧報的幾份工作初試都是 JRE，就可以省回為不同職位而考不同初試的時間。JRE 的考試旨在評估考生的分析及寫作能力，考試時間為三小時。考生須完成兩條題目：中文和英文論文各一篇。

JRE 考試結果不一定只是及格或不及格。雖然考同樣的 JRE 試卷，但考試結果可以只有部分已投考的職位過關到下一關，例如曾經有考生報了政務主任和二級行政主任，但最後只獲邀去就二級行政主任面試。

第四章

劃分三大階段,做足準備

初試後的下一關就是面試,面試前有甚麼準備工夫?面試當天又有何注意事項?毋須慌亂,只要分成三大階段去做溫習準備和心理準備,自然信心十足!

面試前做足準備

通過初試後，就會收到通知去 "final in"（有些工作職位沒有初試，直接 "final in"）。通知形式必然是書面，有可能是電郵或實體信件。通知期不等，我試過最長達兩個月，但一般起碼兩星期左右。如果你本身對這份職位很有興趣，就應該在報名投考後或考完初試後就着手準備。以下我將分開三個階段講述面試需要準備的事項。

001
階段一：
面試前的「遠期準備」

我會將面試前準備分為兩部分，第一階段是「遠期準備」，大概是考完初試後便開始。由於現階段仍未獲邀參加最後面試（換個講法，即不一定有機會 "final in"），因此現階段着重理解資料，當作是滿足自己好奇心去看看部門網頁，思考自身情況，不需要特意花時間去背誦任何東西。

其實面試最概括和核心的問題，就是 ❶「為何想做」＋
❷「為何要請你」。這兩個問題你應該已經心裏有數，
就聽聽自己的心怎麼說。

❶　為何想做

❷　為何要請你

即是你在哪一方面適合這份工作。然後可以再去思考以
下的各個範疇。

❸　自我介紹

不是叫你介紹家裏養了多少隻狗，而是你如何適合這個
職位。

4　對部門、職位有何認識

就是職位的工作內容、部門架構，由哪一個司局級管轄。部門執行哪條法例或哪條法例與部門相關。

5　領導才能

如果你去面試主任級工作，理所當然要準備這方面的答案。其實即使你應徵基層的職位，考官也有機會問你這方面的問題。因為你有機會指導一些外判員工，如管理員、維修工、搬運工和清潔工等等。而即使你申請做紀律部隊散仔或 CA 等，也有機會要帶領另一職系，例如一級工人、二級工人等。

6　情境題

會問你一些工作上發生的情境，要用常理分析，冷靜、理性地去作答。

7　時事題

一般會問面試前一年內至幾日的時事，曾經有考生被問及面試前三日行政長官發表的施政報告，所以平時要養成看新聞的習慣。

002
階段二：
面試前的「近期準備」

收到通知信後，切忌改期。一般最短有兩星期時間，我試過最長兩個月後才會面試。把握時間，不要因為面試時間太早或不夠時間準備等「無謂」原因，而嘗試申請改期。

雖然一般邀請出席面試信註明不會為考生更改時間，但是有由於不同特殊原因，例如有醫生紙的病假（必須在面試時間前求診）、與公開試撞期等是有機會獲得酌情改期的，不過我建議**盡可能不要改期**。

一般來說，早考獲聘的配額較多。我們可以代入考官角度去看。考官去篩選考生，並非要挑選狀元、揀老公或老婆，亦不需要選 the best of the best of the best of the best……他只須要選一個適合這崗位的人。而且，別忘記考官也是「打工仔」，他們坐 board，就是執行上司指派他們請人的任務。如以「打工仔」心態去想，他們今日要完成 10 個 quotas，正路來說，

早上會完成六至七個 quotas，下午只會有三至四個 quotas。免得下午考生質量太差甚或缺席而交不了功課。同樣道理，如果招聘 10 日，前九天會有多些 quotas，免得最後一日考生質量太差甚或缺席而完成不了任務。

話說回來，如果我們改時間，那就很大機會調去最尾一日面試，亦即是 quotas 相對少的日子。

雖然我們不能選擇做最早一批考試的考生，但一般來說，是以報名投考的先後次序去決定考試次序的。所以我在〈投考篇〉**強烈建議應該盡早報名，除了能盡早面試，也更能顯示你的誠意。**

此階段的準備事項包括：

1 準備文件和證件相

面試前，要交證件相連同所有你在 G.F. 340 申報的學歷、資歷正本給職員核對。

至於 cover letter 和 resume，雖然不一定要遞交，但是可以讓考官更好地了解你為何要去報這份工作；而

resume 也能補充 G.F. 340 的不足。

2　背政府招聘廣告的職務內容

政府招聘廣告上都有講述該份工作內容，無論中文版和
英文版，你都應該背誦。

3　背法例

如果應考部門是與法律大有關係的，那我們就應該了解
有關的條例。例如考海關，起碼要了解香港海關條例。
即使一些職位不是與執法相關的，但懂得跟那個職位相
關的法例也有幫助，例如考圖書館助理館長，了解《圖
書館規例》也有一定幫助。

經以下 QR code 到律政司網站，有齊所有成文法例供
免費下載。

4 看部門短片

每個部門都會在部門網頁上載一些宣傳部門及其服務的短片。我會把中、英文版本各看一次，然後再連字幕都看一次。這種短片正正展示着部門工作、服務的精粹，否則也不會特意拍片講解。

5 繼續了解時事

不要因為忙於準備面試而忽略看新聞，曾經有考生試過被考官問及面試前三天才出台的施政報告。

6 置裝和理髮

買新西裝或至少乾洗一次舊西裝，去理髮、準備手錶和公事包。

別以為考官不會以貌取人，實際上儀容是計分的。戴手錶也顯得你注重時間觀念。準備公事包，第一可以避免見面試官時「兩手揼揼」，雙手相對自然；第二你必然有正本文件要面試當日給職員查看的，用公事包裝帶文件予人整齊的感覺。

7 Google Map 出行路線

無論面試時間多早，也不要因為賴床而改期。所以你更加要了解出行路線、距離，面試場地附近有沒有可以休息整頓的地方，例如政府室內、室外體育場和商場等，方便你早到時去整理儀容。如果時間許可，我會建議早一個小時到達面試場地，寧願以逸待勞，好過「趕頭趕命」。

即使你住得多偏遠，面試地點天各一方，的士也可以幫到你。不過你盡可能不要讓考官知道你坐的士去面試，因為他可能會覺得你沒有準備。另外，一般面試場地是沒有車位提供的，駕駛人士要認真考慮是否開車。

003
階段三：面試當日

面試當日各位應徵者當然會緊張萬分，但我將在下文跟各位「演練」一次參加面試的每個步驟，並提供實用 tips，讓大家能做好心理和實際應試的兩手準備。

1 前往面試場地

面試邀請信會告知你時間、地點，用常理來看，我們最少要提前 25 至 30 分鐘到達，免得太趨急令自己「氣來氣喘」。但我會建議大家早一個小時到達。

事例

有朋友跟我分享以下經歷：

1) 面試當天因為紅色暴雨警告信號而濕身。

2) 地鐵當日發生故障，延誤 15 分鐘而遲到。

其實上述兩個情況，只要你提早 60 分鐘到達，再準備多一套衣物替換，便迎刃而解。

我會穿舒適衣物到面試地點附近的政府運動場，使用其運動場的更衣室換衣服，並預備五元或二元硬幣使用其儲物櫃。

我也曾經試過到極端偏遠地方面試，附近沒有商場或體育場館，但還是發現到「補給站」，例如去赤柱懲教署面試，懲教學院附近有一個懲教博物館，難得到赤柱一遊，我會先去參觀再借用洗手間。又例如有一次去入境事務處初試，入境事務學院對面的咖啡灣海灘有浴室連更衣室可供使用。

2 到達面試場地

考生到達後，會有職員（一定不會是考官）安排去登記資料、交證件相和核對學歷、資歷文件正本。

如果你是網上遞交 G.F. 340 的，則需簽名作實，同時如果你有資料需要更改，也可以更改，然後在旁邊簽名。

如果你有準備 cover letter 和 resume 而之前並未遞交的話，可以在這個時候遞交給職員，要求轉交面試官。

職員為你完成登記後，便可等待面試或進行初試，因為有些職位可能會將初試放在同一日，例如作文。假如你並未考過基本法和國安法，會被安排在面見考官前或之後考試，所以如果你可以事前投考（例如大學程度考生可以在每年 CRE 報名時一併申請），就應該盡量事前完成，免得削弱 "final in" 的精力。

3 正式面見考官

登記完畢後，稍候一會，職員會帶你進去房間面試。一般你是不需要敲門的，因為職員已經替你開門。我會在步入門後，跟考官說 "Good morning (afternoon) Sirs! Good morning (afternoon) Madams!" 到底是先說 Sirs 還是先說 Madams，就要看主考官的性別，主考是男性，就先叫 Sirs，反之亦然。如果是清一色的性別，就只需要 good morning 單一性別。近年有些部門推行中文化，你也可以講「早晨（午安）長官！」

然後維持原地站立等待考官叫考生坐下，你才就坐。一般由主考官講開場白、介紹坐 board 的各位考官，這個時候你應該仔細聆聽介紹，記下各位的姓氏。

一般坐 board 的起碼有 3 ＋ 1 人，置中坐着的是主考官，旁邊兩位是副考官，然後再加一個負責記錄的職員。雖然記錄員不會向你發問，而且理論上不會向你評分，但是不能排除考官會否詢問其意見或觀感，他也一樣有可能左右大局，所以面試時你也應該視其為考官的一份子，不僅進門時要跟他打招呼（假如三個主考是男人，只有記錄員是女人，一樣應該說 Good morning Madam ！），而且說話時應偶爾面向記錄員，和對方有眼神接觸。

4 面試開始

4.1 面試使用的語言

主考官會簡單向你介紹面試的流程，通常他會說：「如果我們用英文問，你就用英文答，用粵語問就用粵語答」。

對於面試使用的語言比例方面，不同部門有不同規定，一般來說工資愈高、職位愈高級的工作使用英文的比例愈高。不過一般不會 100% 使用單一語言，例如用英文為主要面試的語言，很大機會在時事題用粵語問答。

普通話方面，以我的經驗來說暫時沒有參與過或聽過任何政府工面試，考官會用普通話詢問考生問題，最多只會給你一段文字讓你用普通話單向地朗讀。

不過謹記，雖然說用英文問，你應該用英文答，但有時候真的忘記該名詞的英文，只知道答案的中文，你不妨用英文問考官，可否用中文答出這個答案。

我在投考執達主任時，被問及執達主任除了收債務人現金外，還會收哪一種支付形式。我記得答案是「銀行本票」，但我忘記了英文是甚麼。我就問考官 "Excuse me! I know the answer, but I don't know this term in English. May I just say the term in Chinese?" 最後考官讓我用中文回答「銀行本票」，然後下一題他繼續用英文問。

4.2 面試的問題

面試會有不同的問題，我無法一一盡錄，不過其實萬變不離其宗，以下將引述比較典型的問題模式：

1）自我介紹

首先，考官會叫你作出簡單的自我介紹。自我介紹就是要考生簡單介紹自己的名字、學歷、工作經驗、想做這個職位和要聘請你的原因。

你作出的介紹應該與「為甚麼想做這個職位和為甚麼要聘請你」有關連，因此你應該避免說一些無關痛癢的事，例如家裏養了多少隻狗，興趣是旅行等介紹，除非你是要作出鋪排，例如你志在加入警隊後，投考領犬員；喜歡旅遊的你剛巧遇上南亞海嘯，是以曾經在海外致電求助熱線 1868，覺得入境處的職責可以協助海外港人，很有意義等。

針對「自我介紹」的幾個重要組成部分，我有貼士如下：

i. 為甚麼想來做？

我建議考生可以在「為甚麼要入來做」方面，多加發揮。上一輩很喜歡說的「人工高、福利好」，並不是不可以說，但要好好包裝，例如可以說自幼是一個相對保守或穩陣的人，不敢冒進，大學也讀大眾覺得悶的歷史科，而政府是一個讓人循序漸進、按部就班的平台，與自己性格不謀而合。

除了物質方面，大家也可以考慮一下社會地位的原因。例如我去面試民安處的行動及訓練助理員，我說縱使薪水不高，但是能教會青少年民防和緊急救援等知識，很有意義。我亦試過做兼職民安隊員，穿着制服去年宵市場維持秩序，受到市民尊敬；因此，加入民安處可以提

升我的社會地位。

另一方面，「你現時做甚麼工作，為甚麼要過來做？」也是經典問題，每個人也有不同原因，沒有標準答案，但讀者適宜包裝一下。筆者認為，不要 focus「金錢」原因，例如新工作是舊工作薪水的兩倍。除非考官問及工資對比，又或者你可以將薪金作為最後一點略略帶過。

事例一

我考破產管理署時，我回答說：「雖然我從事刑事法多年，其實目標想涉獵民事法」，因為民事法與日常生活息息相關，而「好人好者」其實一輩子都不會跟刑法發生甚麼關係；我大學時也是主攻民事法。而且破產法牽涉的民事關係廣泛，包括土地、家庭、知識產權等，因此，破產管理署是我「轉刑為民」的好歸宿。

如果你考的是一個「死位」，即是該職系只有一級，沒有可能晉升，可能會被問到為甚麼還來應徵。

我投考民安處行動及訓練助理員就被問及，我當時回答，雖然助理員沒有機會晉升，但我依然可以投考行動及訓練主任職系。另一方面，我認為民安處社會地位頗高，執勤時受人尊重，這些不是用錢就可以買得到的東西。

ii)「擺明唔好做」的政府工應該怎樣說明投考原因？

對於一些大眾存有「偏見」的政府工，也可以在自我介紹時講解自己的理念。例如做懲教署常常被人覺得是「陪人坐監」，但是我就覺得「懲」只是第一步，「教」同樣重要，「知錯能改、善莫大焉」，更生服務很有意義。又例如交通督導員常常被司機視為頭號敵人，可是曾經有一次有小孩過馬路時，就因為太多車違規亂泊，導致該小孩過馬路看不清路面情況，最後遭逢嚴重車禍；如果沒有交通督導員，相信這種意外一定幾何級上升。

總之，everything happens for a reason，政府每一個招聘的職位，必然有其設立的原因，否則就已經淘汰或讓其慢慢流失。要了解該職位的吸引之處和背後的理念，就靠你平時有沒有留意關於該部門的信息，從而向考官顯示你對該職位的「熱愛」。

iii. 學歷、工作經驗和「為甚麼要請你？」

我會將這三件事串連起來一併思考。舉例說，我法律系畢業，做過海關關員，現在投考司法機構執達主任。我做關員時，經常要處理很多證物，主要是冒牌貨，涵蓋各種不同生活用品。這個經驗跟執達主任要跟法律程序去充公債務人財物高度相似；因此，我認為我在司法機構應該有足夠能力和技巧執行職務。

2) 你對這份工作的具體職責有甚麼認識？

無論你考哪一類政府工，考生必然會被問知否該工作的職責，因此建議：

i. 背誦招聘廣告職位內容。由於你未必肯定面試的語言，因此考生宜中英文版都背誦下來。如果真的不夠時間準備，你可以根據上文面試使用的語言去推測、取捨應該背中文還是英文。

ii. 在網上政府電話簿了解該職位員工的 title 是甚麼，再背出來，一般都要背幾分鐘。例如地政主任有土地管理、短期租約、小型屋宇等範疇。雖然沒有詳細描述職責，但你可以從 title 略知一二。筆者弦外之音是，考生藉此背誦告訴考官已盡其所能了解該份職位的工作範疇。

iii. 參考法例。例如你考海關，根據香港海關條例，香港海關要執行其他不同的條例，你便可以根據該條例，回答關員的職責。

iv. 問正在該部門工作的親朋。留意即使你幸運地有親朋可以諮詢，也盡可能不要跟考官講你「識人」，以免造成靠關係的負面印象。

3) 部門架構

要知道你投考部門的部門架構，你首先要了解政府組織圖，了解你要投考的部門是向甚麼司、局負責。

例如我報考的是醫療輔助隊，我要答得出部門要對保安局局長、政務司司長、副司長負責。又例如我投考法律援助署，就要答得出法律援助署是直接對政務司司長、副司長負責，不隸屬於任何局。

考生要注意某些部門是分別向幾個局負責，例如香港海關。以下是政府架構圖的 QR code：

考生需要記得特首、所投考部門的首長、隸屬的司局首長的名字，以及投考部門的組織架構圖。一般來說，每個部門網頁都有組織架構圖，你必須去了解。例如投考廉政公署的助理調查主任，就必須知道此職位是隸屬於廉政公署的執行處。

4) 督導經驗

考官會問你有沒有督導下屬的經驗，如果有的話，就直接講解你平時如何帶領下屬。

如果並未有真正督導下屬的經驗，可以循幾個方向去回答，例如帶領「不正式」的下屬、新同事、義工和學弟等。你可以講解你帶領這些「非下屬」的經驗，怎樣體現你的領導才能。讀者可以參考以下正反兩面例子。

反面例子：

我在面試二級破產管理主任時，被問及有沒有帶領下屬的經驗。我直接答「無」，然後 end of the conversation，「沉默是金」。

試問怎可能給我高分？這一部分，「我覺得我係零！」

正面例子：

我在面試二級土地註冊主任時，同樣被問及有沒有帶領下屬的經驗。我答：

「我沒有嚴格意義的下屬，亦即是要為他們寫評核報告的那種，但我做證物倉點算證物時，會有幾個外判搬運工人幫忙點算。

初次合作時，我並不會完全相信他們。由自己把關最重要的點算工作，同時慢慢去了解哪個工人較認真、哪個較懶散。日子久了，我就下放一些

重要的點算工作給我信得過、做事認真的那位。因為有時證物多達 10,000 件，你沒可能不信別人，全都自己做。

至於，比較懶散的工人，我會安排他們幫忙拆盒、包裝等較不重要的工序，我們點算好後，再由他們去入盒、包裝。點算工作不可以錯，但是入錯袋、包裝得不好就無傷大雅。

曾經有一次一個認真的搬運工人問我工作問題：『用封條帶封證物，不是要順 number 嗎？』我答：『好好的觀察力，不過這次不用。』後來再有時間我才慢慢向他解釋為甚麼那次不用。因為我相信現在新一代已經不再喜歡不求甚解地工作，知道背後操作原理對下次工作亦有幫助。

另外，平日工作的證物倉連自動售賣機都沒有，於是我就去超級市場買了些汽水放在雪櫃，請大家喝。新年時，因為搬運工人沒有晉升機會，我就派利是給各位工友，再封大利是給做事認真的那幾位，以示獎勵、謝意。」

我記得我答到派大利是時，女考官笑了出來，我就知道自己答得好。最終滿分 15，我獲得 12 分，算是很高的水平。[1]

---

1 詳細報告可參閱〈檢討篇〉（第 113 頁）。

5) 情境題

考官有機會向你問及一些情境題，特別是當你應徵一些客戶服務的工作。試想像，如果部門請了一個員工去做客戶服務，但這位員工完全不懂得應付客戶，常被投訴，後果就會不堪設想。

事例一

我在面試郵務員時，被問及如果做郵務員時在機場貨運中心查貨，有客戶態度鬼鬼祟祟，應該怎麼辦？
我答：「我會一邊處理其包裹，一邊留意其神色。」

考官：「及後打開包裹，發現是球蟒，又應該怎麼辦？」
我答：「我會嘗試跟包裹保持距離，同時要求支援。」

考官再問：「如果該球蟒爬出包裹，在貨倉到處亂爬，你會怎麼辦？」
我答：「我會嘗試跟球蟒保持安全距離，然後監視牠爬到哪裏去，方便跟即將到達的漁護處職員報告位置。」

事例二

考官：「破產管理主任是一份前線工作，如果債務人不願繳交財產充公，更發脾氣的話，你會如何應對？」

答：「我會說：『先生，不如坐底慢慢傾下先。你其實係唔係遇到咩困難？不妨講我知，或者有辦法呢？』」

6) 專業技術題

這是關於你投考的職位所遇到的技術問題，我相信考生成功入職後，一定會被 train up，知道如何解決，但考官問你就是想知道你本身的知識，以及有沒有為面試做好準備。

事例

・考二級破產管理主任時，被問及如果債務人出境去了內地，會否很麻煩？破產人可以離境

嗎？解除破產後，可以借錢嗎？

- 考二級土地註冊主任時，被問有沒有聽過 Land
  Titles Ordinance（《土地業權條例》）？該條
  例有甚麼好處？

以上問題，就是考你有沒有對該部門網頁和需要
執行的法例有所了解。

7) 部門特別性質知識題

例如投考郵務員，被問及郵局是以營運基金運作，你知道
營運基金是甚麼嗎？還有甚麼部門是以營運基金運作？

又例如投考民安處行動及訓練助理員，被問及民安處是
輔助團隊，還有哪個部門是輔助團隊？兩者有甚麼分別？

8) 時事題

我投考過不同職位，被問及的時事題有外傭居港權、鉛
水事件、「自由行」問題、內地與香港矛盾如何解決，
甚至是施政報告。時事問題共通點都會是當前的熱話
題，因此可以預算不會問你幾年前的事，例如在 2024

年不會問你對幾年前的鉛水事件看法。

時事題並沒有標準答案，最重要是意見不要偏激。你應該講出正反兩面意見，然後分析，再落一個不偏激的總結。記住，時事永遠無一定對、一定錯，如果你認真（偏激）就輸了。

9) 你是如何溫習的？

考官有機會問你「如何準備這個面試、如何溫習的？」你可以講述自己曾瀏覽網頁、背法例等等。

10) 面試完畢，有沒有問題想問？

面試環節的尾聲，考官會問「今日面試完畢，有沒有問題想問？」我參考過兩本關於投考紀律部隊的書籍，得出完全相反、大相逕庭的答案。

第一本是教投考警務督察系列的。作者指出這不是真正的提問，而是禮貌地告訴考生，面試已經結束，千萬別提任何問題。最好的答案是「沒有問題，謝謝長官！」。[1]

1　林占士、陳建峯著，《投考警務督察全攻略》，頁 171。文化會社有限公司，2015。

另一本是教投考海關關員的。作者指出「你應該問，也必須要問。因為由你所問的問題，可以展現你事前是否準備充分、你對這份工作的誠意以及決心。如果你回答『我沒有問題』，那麼你也沒有機會獲得取錄了。」作者進而指出不要問任何與薪酬福利相關的問題，而應該問與新入職關員有關的問題，例如「新入職的關員會接受甚麼訓練？」[1]

對於這個面試最後的「問題」，我傾向於前者——不視為一個問題，只視為一個 signal 來結束面試。試想像，如果考官不用問題形式，難道直接叫你「今日面試完畢，你可以走啦！」從整體結構來說，這「問題」不像一個問題，更像一個形式用語，如我們日常送別叫人「慢慢行」，並不是真心叫人要行慢一點。另一方面，考生要問一個好的問題實在不容易，只怕「阿茂整餅」，問多錯多。況且我有很多投考不同政府職位的事例，沒有問這最後「問題」都成功取錄。如果要硬生生為問而問，我認為不如不要問吧！也許面試私營機構的工作需要準備一些問題，但投考政府工不等同於私營機構，切勿胡亂引用面試私營機構的經驗。

1　李耀權著，《投考海關實戰天書 2021-22 全新 UPDATE 版》，頁 120-121。紅出版（青森文化），2021。

如果你沒有特別好的問題可以問，我建議禮貌地表示
「沒有問題，多謝各位考官。」保持微笑，等考官示意
可以離開，就可從容不迫地站起來，記得拉好椅子，檢
查清楚沒有遺漏任何東西，緩緩步出房間，謹記慢慢關
門。

事例一

有關員考海關幫辦時，向考官問了一個關於部門
的問題。該考生最後沒有被取錄，他估計考官認
為報考關員連這個問題都不懂而扣減印象分。

事例二

有考生考ACO，於面試結束前表示「沒有問題」，
最後成功考到職位。

投考公務員致勝兵法

事例三

有考生考司法書記，表示「沒有問題」，最後成功考到職位。

事例四

有考生考二級海事督察，問「幾時會知道結果？」，最後雖未被正選取錄，但獲列入 waiting list。

4.3 面試的態度、技巧

1) 誠實、誠懇，不能說謊、虛報、「老吹」

雖然考生在面試時吹牛未必會犯法，或被檢控作虛假陳述。然而，切勿吹噓一些你沒有的經驗，原因不是怕法律責任，而是你會引導考官到一個你不熟悉的話題，試問如果你是憑空想像，你又怎能侃侃而談，而且言之有物？既然你沒有這方面經驗，不如大方承認，再直接引領考官去你想講的話題。

例如上文提到我被問及有沒有督導下屬經驗時，我回答說沒有正式的下屬，但是有督導搬運工人的經驗。這個就是即使你沒有經驗，也不用說謊，並且誠懇作答的例子。

2）TIP 錯題，如何應對？

如果剛好遇到一個問題你沒有溫習，不懂得回答，但你其實溫習了另一部分……

我在投考執達主任時，被問及高等法院的架構。我不懂得回答，因為我 tip 了終審法院的架構。於是我就直接說：「抱歉！我忘記了高等法院的架構，但終審法院的架構是……」我見考官並沒有 stop 我，我就繼續講下去。試想像，一條問題，你不可能用「唔識」然後 dead air 來獲得高分。至於考官怎樣評分我的答案，就只好「盡人事、聽天命」了。

3）答問題切勿一句起，兩句止

考官問每一個問題，除非只是一些常識題，例如「終審法院在哪一年成立？」，你可以簡短作答，否則你應該看情況擴展答案。例如上文提及有考官問我有無帶領下屬的經驗，我直接答「無」，然後沉默不語等他再問問題，那就可能會整條問題完結了。一條面試問題應該不會因為一個「無」字而高分吧！

第五章

集結面試經驗，邁向成功

面試完，你離開該棟政府大樓，終於如釋重負！
但稍為輕鬆一下後，請於即日就記下當日面試的
流程、所用時間、問題和答案。要集結面試的經
驗，才能計日程功。

001
記錄面試問題和答案

趁記憶猶新，即日記下考官問題和自己的答案，愈詳細愈好，最好還記下問題與答案的時間分配。例如我完成二級海事督察面試後，就作以下記錄：

問題 01	自我介紹	3 分鐘
答	從小住在長洲，對海有所嚮往，喜歡游泳和開船。	

問題 02	為甚麼想做此工作？	5 分鐘
答	覺得海是一個很大和有發展機會的地方；香港也是以轉口港而聞名。	

問題 03	對職位的了解	10 分鐘
答	我背熟了招聘廣告上的工作內容和海事處的架構及從屬哪一個局。	

投考公務員致勝兵法

問題 04	有沒有下屬？	7 分鐘
答	我沒有嚴格意義的下屬，但因為我在本部門較資深，所以常帶領新同事熟習工作。	

問題 05	假如巡視船隻時，發現有槍械，怎麼辦？	7 分鐘
答	首先我會靜悄悄跟上司報告，因為現場可能有一定危險，而海事處職員並沒有配槍……	

問題 06	時事題：對鉛水事件看法	5 分鐘
答	我先講背景，然後……	

問題 07	今日面試完畢，還有沒有問題？	1 分鐘
答	問何時會知道結果？	

002
Call Report

大家面試完後放下心頭大石，以為就已經「收工」，一切畫上句號。前文講過要知己知彼，收到取錄與否的結果後，你還可以了解考官如何評價你。根據個人資料（私隱）條例，市民有權查閱其個人資料，因此，大家可向政府部門索取跟招聘有關的資料——你的面試報告。

考完後，待部門通知你最終招聘結果，就可以要求拿取這次面試、筆試及初試的報告。記得寫清楚考生編號和面試、筆試及初試的日期。有些部門會要求你夾附身分證副本核實你的身份。你可以選擇用電郵方式來獲取報告，那就可以省去部門要求的行政費用，也免卻繳款上的麻煩。

根據個人資料（私隱）條例，你可以用以下 QR code 的表格向所面試過的部門查閱資料。

投考 公務員 致勝兵法

填表懶人包

步驟一

表格上的各項資料，有幾欄都好像重重複複。首先大家必須填好第I、第II和第III部的個人資料（姓名、電郵地址、聯絡地址和電話等）。

步驟二

謹記在第II部填上考生編號。

步驟三

在第 III 部 ✓ 選「其他」的方格,然後寫上「身分證副本」。有些部門會要求你附上身分證副本以核實身份,因此我每次都會附上。

步驟四

第 IV 部「所要求的資料的描述」就寫上:要求體能測試、作文、面試的報告。「所要求的資料的大概收集日期或期間」一項,就清晰地逐一寫上不同考試的日子;最後關於職員姓名的一項則不需要填寫。

步驟五

第 V、VI、VIII、IX 部不必填寫。

步驟六

在第 VII 部,在橫線上寫上「電郵」,以示希望部門用電郵方式向你提供一份你所要求的資料複本,這樣就可以省下向部門付款才獲得紙本report 的費用。

注意：申請 report 的時間必須在整個招聘完滿結束後。有些部門會保存 report 幾年，但**最好在一年內申請，以免相關記錄已經銷毀**。

Call report 後，就可以與你在面試或筆試後的記錄對照，得知自己有哪一部分答得好，哪一部分答得差。

後頁是我曾經三次投考二級土地註冊主任，考官分別對我的評價。透過這些 report，我可以了解自己的表現，以及考官如何評分。

第一次投考面試報告

Description	Marks
1. Written Assignment	15
2. General Intelligence	12
3. Knowledge and Experience	5.5
4. Leadership and Drive	8.5
5. Interpersonal and Communication Skills	9
6. Bearing and Manner	4
7. Basic Law Test	8
Total:	62

Additional Remarks:
- Average performance in the interview
- Lacked understanding of the duties of LRO II and services of LR

Date of availability: 1 month's notice

Recommendation:
- ☐ Suitable for appointment
- ☐ To be wait-listed
- ☑ Unsuitable for appointment

第二次投考面試報告

Description	Marks
1. Written Assignment	16
2. General Intelligence	10
3. Knowledge and Experience	3
4. Leadership and Drive	7
5. Interpersonal and Communication Skills	7
6. Bearing and Manner	3
7. Basic Law Test	8
Total:	54

Additional Remarks:
- Not well-prepared for the interview
- Lacked understanding of the operation and services of LR
- Over-confident and failed to display trustworthy attitude and manner

Date of availability: Immediate

Recommendation:
☐ Suitable for appointment
☐ To be wait-listed
☑ Unsuitable for appointment

第五章：檢討篇

第三次投考面試報告

Description	Marks
1. Written Assignment	13
2. General Intelligence	11
3. Knowledge and Experience	7
4. Leadership and Drive	12
5. Interpersonal and Communication Skills	9
6. Bearing and Manner	4.5
7. Basic Law Test	8.7
Total:	65.2

Additional Remarks:
- Failed to address the core requirement of the written assignments due to wrong interpretation of question
- Room for improvement in language skills
- Ideas were not presented in a systematic and logical manner

Date of availability: Immediate

Recommendation:
- ☐ Suitable for appointment
- ☐ To be wait-listed
- ☑ Unsuitable for appointment

003
分析 report

因為我考過二級土地註冊主任三次，特別是三次 report 的格式都一樣，因此對比三次表現，就更能了解自己的得失。

首先，該 report 分為七項去評分，但它們有一個格式缺憾，就是沒有指出多少分為滿分或及格線。於是我致電部門要求補充該等資料給我，否則成績報告根本就不完整，沒有足夠的參考價值。最後，部門從善如流，口頭跟我說每一項目的滿分，而整份 report 的總分為100 分。

以下，我將會整合三次投考的成績，並根據七個項目逐一去分析。

Written Assignment（筆試）

満分 25

筆者三次應考的分數：

第一次	15 分
第二次	16 分
第三次	13 分

分析：

二級土地註冊主任的筆試和面試安排於同一日進行。在面試之前，會於一個會議室內作答一中一英的筆試題目。Report 也同時給我當日作文的影印本，不過就沒有特別評語。由於我當日忘記記下作文題目，現在已經沒法回想。這再一次顯示記錄的重要性，沒有你自己的記錄，report 參考價值就大大降低。

第二項

General Intelligence（一般智慧） 　　滿分 20

筆者三次應考的分數：

第一次	12 分
第二次	10 分
第三次	11 分

分析：

這是一項好籠統的評分，其實可以說考官覺得你合眼緣，或簡單講你是「真命天子」，就會高分；不適合就低分。我考過三次這個職位，覺得第三次是我表現得最好的一次，經驗也最豐富，但反而「一般智慧」比第一次倒退了1分，可見有些評分是很主觀的。

第五章：檢討篇

Knowledge and Experience （知識與經驗）

滿分 10

筆者三次應考的分數：

第一次	5.5 分
第二次	3 分
第三次	7 分

分析：

這部分就是〈面試篇〉提到面試前要準備應對的問題。考官會問及對部門、工作的認識。我第一、二次報考時，由於不知道只要背誦招聘廣告中的工作內容就可以，因此兩次都「靠估」去作答，結果得分都很低。第三次背誦了招聘廣告工作內容、署長姓名、土地註冊署架構、under 甚麼司局等，10 分滿分中獲得 7 分，以最後不聘用我的結果來推敲，已經算是很高分了。

第四項

Leadership and Drive（領導才能）

滿分 15

筆者三次應考的分數：

第一次	8.5 分
第二次	7 分
第三次	12 分

分析：

這部分就是〈面試篇〉所教要準備的督導經驗（詳情可參閱第 87 頁）。考官在三次面試中，都分別問到我有沒有督導下屬的經驗。第一次我回答曾帶領新同事；第二次我說有做義工組長、帶領組員的經驗。第三次，回答說雖然我嚴格而言沒有部下，但有帶領外判工人的經驗，結果得到 12 分。理論上，考生沒有可能在任何一項獲得滿分，因為沒有人是完美的，所以即使表現多好，多多少少都會被扣分。所以 12 分可以說是相當高分，特別是在最後不獲聘的情況下。

第五項

Interpersonal and Communication Skills （人際溝通技巧）

滿分 15

筆者三次應考的分數：

第一次	9 分
第二次	7 分
第三次	9 分

分析：

這部分考官會問你跟同事、顧客如何相處。另外，你與考官的對答、表達能力和一般情境題中的表現，也會計算在內。

Bearing and Manner（言談舉止）

滿分 5

筆者三次應考的分數：

第一次	4 分
第二次	3 分
第三次	4.5 分

分析：

這部分完全是主觀印象，評價儀容舉止。所以我在〈面試篇〉建議大家要花錢去裝身，就是這個原因。個人認為 Bearing and Manner 完全就是讓考官留有主觀評分的空間，有點是以貌取人、主觀感覺「啱唔啱 feel」的地方。我在第三次應考獲得 4.5 分，基本上就相當於滿分了，可以說考官應該對我有好感。

第五章：檢討篇

Basic Law Test （《基本法》測試）

滿分 10

筆者三次應考的分數：

第一次	8 分
第二次	8 分
第三次	8.7 分

分析：

這部分是舊制考試，不適用於 2023 年以後入職的公務員。**現在此考試已經被《基本法及香港國安法》測試取代**。新測試並沒有高低分之分野，只有及格與否。考生必須及格方可成為公務員。

Additional Remarks（評語）

分析：

考官寫我不了解工作做甚麼。然後我才知道需要背誦招聘廣告，否則一個外人根本不可能了解該部門的工作。

考官寫我傲慢。對照我自己的「面試記錄」，原來是因為我在面試時講述自己義工獲獎經驗。

第三次

雖然最後結果一樣落選，但是第四項「領導才能」和第六項「言談舉止」給我很高分。

▶▶▶ 小結

經過三次投考經驗，我決定不再報考第四次。因為在第三次投考時，我憑 report 知道自己的表現其實已經很好，最為顯著是第四項「領導才能」和第六項「言談舉止」獲得很高分；最後卻落選，我估計有可能是因為面試表現以外的問題而不聘請我。正如前言所說，有時表現得再好，也可能因為其他因素，如該年度招聘人數多寡、自身學歷、經驗、技能和 quota 問題而不聘請我。我就估計是因為自己沒有辦公室經驗，因而最終落選，甚至連 waiting list 都不入。

至於第三次 report 的評語說我語言和邏輯表達差，我就難以想像自己會比第一、二次退步。正所謂「欲加之罪，何患無辭」，估計是考官即使知道我曾經考過兩次，但也沒有看過我之前的 report，於是就用這樣的結語評價。

可以從三次投考經驗中好好檢討，是建基於我面試完當日就盡量記下考官的問題和我的對答，而且根據個人資料（私隱）條例 call report，才能推斷出自己落選的原因，也令我第三次表現遠比第一、二次出色。

另外，雖然這個職位未能報考成功，但「領導才能」一項卻給我很高分；因此我記熟自己的對答，即使不會再報考二級土地註冊主任，也可以用這種表達領導才能的經驗去應付下次心儀職位的面試，揚長避短，最終順利考到心儀的工作。

004
背景審查及面試結果

面試結果可以分為三個，但在面試結果出爐前，我想補充關於背景審查的事宜。

有些部門會對投考人作出背景審查。審查的嚴格程度，不同部門有不同標準，不過可以推斷薪水愈高，審查相對愈嚴謹。我在此特別指出，警務處和廉政公署的背景審查較其他文職或其他紀律部隊嚴格。有考生表示，報考警員時，在初試階段已經要填寫背景表格，申報從小學開始所就讀的學校，父母兄弟姐妹的就業情況等。

另一例子是有考生報考廉政公署助理調查主任，在最後面試完結後一段日子，有一天突然有職員打電話給考生欲進行家訪。當時該考生正在本身的私營機構上班，未能即時回家，於是職員就問考生家中是否有家人在。最後，職員在考生不在場之下進行家訪。

填寫背景審查表格，要如實申報，切勿作虛假陳述。對於家訪，筆者雖然沒有聽聞除廉政公署外的家訪，但現

今政府工越來越注重背景審查，因此一日未公佈正式面試結果，都請花一些時間整理、收拾一下家居。投考警務處和廉政公署的考生要特別注意。

面試結果可以分為三個，因應不同結果，有以下建議。

1 成功獲聘

如果你成功獲聘，恭喜你。不過，更準確些講，這是一個有條件的獲聘（conditional offer）。獲聘信中會指示你去指定地方免費驗身，成功通過才正式獲聘。

歡喜之餘，你記得電話聯絡新部門的人事部，詢問入職事宜。雖然面試時你曾經交代過要多少時間預備好入職。但實際上你仍有跟部門商量的餘地。你可以問人事

部可以何時入職，一般來說最長三個月也是可能的。那你就用這入職前的空檔期去好好處理私人事務，包括完成好本身工作的一個月代通知期，避免賠「代通知金」給舊公司的困境。

值得一提的是，公務員每年都會按遞增薪點增薪（俗稱「跳 point」）。一年的定義是根據你哪一天入職計算。假如你在每個月的 1 至 15 日入職，你會在明年同一個月跳 point；若在每月的 16 至 31 日入職，你會在明年入職月份的下一個月跳 point。例如，我 2023 年 1 月 15 日入職，就會在 2024 年 1 月跳 point；若在 2023 年 3 月 16 日入職，就會在 2024 年 4 月跳 point。所以，如果人事部讓你任選一日入職，最好選每月 1 至 15 日。

如果是紀律部隊的職位，因為要集體開班入學堂，入職日期彈性沒有文職大，不過仍然建議可以與人事部聯絡了解詳情。

最後，說說成功獲聘後可留意的小福利，就是打電話去衛生署政府公務員牙科診所預約檢查牙齒，只要是新入職公務員就可以排隊。現在排隊大約要 36 個月，即使你是新入職紀律部隊成員，也一定已經在學堂畢業了。早排早着！

2　落選

一時的挫敗，不代表一切。如果你真的很喜歡這份工作，記得如上文記下題目，再以 call report 的方法，了解自己哪裏做得不足。「失敗乃成功之母」，下一次再投考就更大機會成功。

又或者如筆者自身經驗，三次投考二級土地註冊主任都因為不同原因而名落孫山，那就不要再浪費自己青春。這個部門不懂欣賞我，總有其他人懂得欣賞自己。保存實力，再往他處發展。

3　進入 waiting list

成功的考生獲發入職信，但未獲發入職信的，也未必代表真正落選，而是有機會獲發信通知進入 waiting list（後備名單）。但一般部門不會告知你在候補名單中的排名，你可以使用這個 QR code 的表格，填上個人資料，然後在「所需資料的詳情」表示欲查詢自己在後備名單的排名，並提供你的考生編號、面試日期和通知你進入後備名單信件的發信日期，填妥後郵寄至該部門負責「申請公開資料」的負責人便可。

如果在 waiting list 中排第一，理論上很大機會能入職。但一些每年都招聘的職位，即使成為 waiting list 的一員，能入職的機會也不太大。因為一旦明年重新招聘，今年的 waiting list 就會作廢，如 AO、EO 等職位幾乎年年招聘，除非有正選辭職或有正選考生拒絕 offer，否則候補考生入職機會就相對較小。

相對地，一些好幾年都不請人的職位，如果進入 waiting list，特別是排頭幾名，機會就很大。Waiting list 理論上只有一年有效期，但為了行政上的方便，可以延長，部門會再發信通知你延長，延長又延長也有可能，有不少個案是招聘後幾年才入職的。例如 2005 年海關招聘關員，2005 年底收到信入 waiting list，2006 年收到延長 waiting list 的信，最終於 2007 年還有不少人是因 2005 年的招聘而入職。

結語

世上有些事情，不是努力就一定會成功，考政府工也不例外。借用「三十六計，走為上計」來說，與其死纏難打，蹉跎歲月，不如保存實力，另謀高就。例如，曾經有關員考過多次幫辦，多次勇闖最後面試階段，但次次都不獲取錄。問其本人估計原因，原來他曾經遺失委任證，覺得因此被 black list。所以他最終放棄了，「釋放」自己，劍指其他政府工，最後成功「斬獲」律政書記一職。

此外，近來政府部門也更着重背景審查，如果曾經在社交網站發佈過很偏激的言論，或會有所影響。對於以上已發生的事情，已經不能改變，你也不大可能用 call report 方法去百分百知道真正的不取錄原因，是否跟這些已發生的事情有關。所謂「欲加之罪，何患無辭」，唔錯都錯咗啦！以後謹言慎行就夠了。

另一方面，外圍環境的因素、自身的經驗、技能、學歷也始終影響着成數，甚至運氣都左右着大局。例如上文指出我曾經考了三次二級土地註冊主任都名落孫山的情況，面試技巧再高都一樣無濟於事。如果我當日繼續愚公移山，「妄求」二級土地註冊主任，可能到 2047 年，我都依然未考到。最後我決定放棄，不過不是放棄政府工，只是放棄報考二級土地註冊主任。隨後我重新

組織攻勢，利用〈背景篇〉的經驗，按自己學歷、經驗篩選一份匹配的工作，然後細心根據心儀職位的招聘廣告指示去填 G.F. 340，再根據〈初試篇〉和〈面試篇〉的心得，過關斬將，終遇伯樂，成功考到與二級土地註冊主任職級相當的政府工。

各位讀者可以根據本書，好好準備自己，「盡人事、聽天命」。成功固然好，最後即使考不到，都可以嘗試轉另一份相關、相宜的政府工再去考。即使最後真的放棄，試過才認輸，才算對得住自己。今日累積的經歷、體驗，一定不會白費的！好像我跌跌蕩蕩，誤打誤撞，終於「悟」出真諦。得咗！

大家前車可鑑，對於我好傻、好天真的慘痛經驗，得個「知」字夠啦！讀者切勿模仿，做人無必要跌過先知痛！預祝大家考試順利、馬到功成！千里馬遇上真伯樂！

附錄

問答篇

投考前後疑問，一次解答

讀者可能會有不同的疑問。我假設了以下問
題自問自答。若有其他問題，歡迎發電郵至
kongminglau@yahoo.com，我會盡量解答的。

問題 001

「我明明表現得很好，為甚麼沒有收到通知去初試或面試？」

答：

我會不厭其煩地打去部門問。假如是郵差派信，或是輸入電郵地址有誤，實在不排除寄失的可能性，始終「人有錯手，馬有失蹄」。

劉青雲當年考藝員訓練班，職員表示取錄的話兩星期內會有通知。劉青雲就這樣等了兩星期，都沒有消息。他自問表現得很好，沒理由不取錄，但打電話去問又感覺很老土。幸好最後鼓起勇氣致電查問，原來真的是取錄了，還要即日去報到。

雖然藝員訓練班不是政府工，但這事例表明「人有錯手，馬有失蹄」，真有可能因技術原因沒有收到通知，而不一定是你落選了。如果你對份工真的着緊，其實打一次電話去問，並不會對你構成負面印象啊！

問題 002

「入了政府做較低職位，是否較街外人容易考高級位？
或換個問法，做住低層先，會有優勢嗎？」

答：

就如〈背景篇〉所言，有些政府工看重你的工作經驗；
有些政府工反而更想你是 fresh graduated。如果該職
位其實想請 fresh graduated，先去做其他政府低級長
工，其實並無優勢，更可能是劣勢。不過不同職位有不
同的招聘喜好，難以一概而論。

結論是如果你目前在私營機構的工作不錯，而你目標是
高級職位的政府長工，建議不要勉強去做該部門的低級
長工，因為未必有優勢。例如，如果你目前的工作還不
錯，而你目標是考海關督察，就不要勉強先去做海關關
員了。

問題 003

「如果有興趣做一份政府工，但現時無請長工，又或考長工失敗，先做該職位的非公務員合約員工，會否對轉長工有幫助？」

答：

政府基於公平、公正原則，明文說不會給予非公務員合約員工考長工的優先聘用權。但是面試時，會否有優勢，就要看那次主考評審的目標，政府曾經為了解決過多的非公務員合約工問題，而大幅聘請非公務員合約為長工。但是也有例子是年資六至七年的合約工，考過兩次長工也不成功。

結論是如果你目前的工作還不錯，而你目標是某份政府長工，建議不要勉強去做非公務員合約工，因未必對轉職長工有優勢。而且非公務員合約工的年資不會計算在長工內，對以年資來申請的政府福利沒有優勢；但部分職位在升遷時會考慮合約工年資。

投考 公務員 致勝兵法

問題 004

「我本身做緊政府工，轉職其他政府職位，可保留現有薪水嗎？」

答：

如果你正在做政府的長工職位，然後轉去做你另一心儀的政府工作，年資可以保留；薪水也會以你現在的工作和心儀的工作的工資對比計算。

簡而言之，要是你本身的職位起薪點及不上你新工，那你就會馬上加人工，但最多也不會超過新工的頂薪點。相反，如果你本身的政府工起薪點高於新工起薪點，你就會減人工轉職。

附錄：問答篇

問題 005

「承上題，轉職後，能否返回原職？」

答：

公務員未過試用期，如果考到新工作，就一去無回頭。2023 年以後新入職的公務員試用期一般為三年。公務員過了試用期後，轉職一年內可以返回原部門（實際上因為行政需時，10 至 11 個月已經要決定返還與否）。但注意，返回原部門不等如返回原崗位。返回後，薪水和部門年資都會恢復到未離開之前一樣。

轉職去 ICAC 都可以返回原職，不過情況不一樣。你會以放取無薪假的方法轉職去 ICAC。然後 ICAC 會跟你簽 2.5 年合約。你最多可以簽兩次 2.5 年合約，然後就要決定返還原政府部門或長期留在 ICAC。

投考 公務員 致勝兵法

>> 問題 006

「政府工有房屋津貼嗎？」

答：

現在新入職的公務員已經沒有「房屋津貼」的福利，換來的是「非實報實銷津貼」。顧名思義，申請人並不必要證明或聲明買樓才可以享有，而是一個現金津貼。

申請人如果薪級達到總薪級表的第 34 點，就必然享有這項福利。如果薪水是總薪級表的第 22 至 33 點，就要視乎該財政年度政府的預算，再以年資多寡來決定誰先誰後。如果薪水低於總薪級表的第 22 點，必須要有 20 年年資方可申請。

不同的薪水，有不同金額的津貼。

問題 007

「如果我薪水低於第 22 點，又不夠錢買私人樓，生活豈不是很艱苦？」

答：

你可以用公務員身份去申請公屋，跟一般人的入息要求有分別，但如果你現時薪金達到總薪級表 21 點，或頂薪點高於 24 點，就不合符資格了。

公務員只要夠兩年年資，就可以申請公屋。

問題 008

「政府工有進修津貼嗎？」

答：

每個部門都有一些指定的（一般由大專院校舉辦）課程，讓同事自行申請。

申請過程：首先自行去報讀，然後在課程開始前遞交表格去申請部門資助。如果部門通過了你的申請，在完成課程時，就可提交完成或及格證明領取資助。

另外，還有每年都有的進修津貼。這個進修津貼沒有指明課程，而是給予申請人去報讀一些與職位很有關係的課程，例如司法機構職員報讀調解課程。

2023 至 24 年度的津貼額是 10,000 元。如果一個課程用不盡 10,000 元，你最多可以報三個課程以用盡這筆津貼。

「公務員有哪幾種假期？」

答：

年假（VL）、病假、產假、侍產假、公眾假期和無薪假。

年假的計算方法：

總薪級表的第 14 點以下的員工，一年 14 天，滿 10 年年資增至 18 天。

總薪級表的第 14 至 49 點的員工，一年 18 天，滿 10 年年資增至 22 天。

首長薪級表的員工，一年 22 天，滿 10 年年資增至 26 天。

病假是頭三年工作有 90 天。過了試用期後，有 180 天全薪病假和 180 天半薪病假。

產和侍產假基本上和勞工法例所規定的差不多。

無薪假是一個比較特別的假期，首先你要耗盡所有 VL。假如你要申請，你或你的上司要做一個計劃書，解釋你為甚麼要放無薪假，例如是照顧小朋友、讀書、做義工、陪伴在海外出差的配偶等，然後視乎部門的人手和上司的支持而決定批准與否。不過如果你問我能否取無薪假去「工作假期」（Working Holiday），我建議你還是不要去想吧！不如你用〈檢討篇〉建議的方法，跟人事部商量商量，盡量遲些入職去完成「工作假期」計劃。

公眾假期就是一年 17 天銀行假（即紅日），如果你的辦公室屬五天工作制，不用特別解釋，大家都明白。但假如你是輪班工作，視乎不同部門的指示，公眾假期將會在一至三個月內補回給你。補在哪一個工作天，一般是由你和上司協商的。

問題 010

「政府 MPF 供款比率是多少和何時可以取回？」

答：

政府 MPF 供款比率

年資：	政府作為僱主的 MPF 供款比率：
3 年以下	5%
3 年至 18 年以下	15%
18 年至 24 年以下	17%
24 年至 30 年以下	20%
30 年至 35 年以下	22%
35 年或以上	25%

除了頭三年的 5% 供款比率是法例規定的（即換句話說，不屬於公務員的福利，你在任何私營機構工作都會有），之後的皆屬於政府作為僱主對僱員的自願性供

投考 公務員 致勝兵法

款。一般來說，政府的自願性供款，你必須達到法定退休年齡或做滿 10 年辭職才是屬於你的款項。

2023 年起新入職的公務員，文職退休年齡是 65 歲，紀律部隊為 60 歲。

另外，政府為彌補紀律部隊比文職早五年退休的特性，特別為紀律部隊作出額外 2.5% 的「特別供款」。該筆「特別供款」必須在法定退休年齡依然是紀律部隊的一員才能享受。例如你做滿 20 年消防員後，決定轉職去做助理文書主任，在一年轉職返還期過後，該筆「特別供款」即被沒收。

問題 011

「現在公務員的退休年齡是 65，如果我 60 歲退休，
可以嗎？」

答：

2023 年後入職政府，你就是「強積金制」的公務員。
你只要做滿 10 年，之後辭職，你就可以向受託強積金
公司申請取回政府幫你供的所有自願性供款，而不必宣
誓或闡明其他理由。但注意，假若你不幸被解僱，政府
供的自願性供款將會被剝奪。因此站在福利角度，做滿
10 年後的強積金制公務員，辭職和退休差別不大，因
為都沒有長俸和退休後免費看政府醫生和牙科的福利。
不過，若你是「退休」，將會獲得紀念獎章；而且，假
設部門招聘已退休員工回來工作（俗稱「翻閘」），都
只會請退休員工而非辭職員工。

至於強制性供款（即政府供的 5% 和你自己供的 5%）
就跟在私營機構工作的人一樣，要年滿 65 歲或宣誓，
才可以申領，詳情可參閱積金局網站了解。即使你被

投考 公務員 致勝兵法

「炒」，政府供的 5% ，都依然歸你。所以這 5% 其實不是做政府工的福利。

如果你是紀律部隊，沒有在指定年齡退休（現在新入職是指 60 歲），將失去 2.5%「特別供款」。另外，若你轉職到非紀律部隊，都會被剝奪該 2.5% 供款。除非有醫生證明你永久不適合做現在的紀律部隊工作，否則2.5%「特別供款」必須在指定年齡退休才可以受惠。

問題 012

「電影裏面警察每次升職都要見 board，成為公務員後，每次升職是否也一樣要見 board？我每次見 board 都很緊張，次次見我豈不是無機會升職？」

答：

一般都不會有見 board 才可以升職的情況。政府現在大部分職系晉升都是按 "paper board"，即是憑各人歷年的 appraisal 去比拼，不會以真人面試去評核。要真人面試的職系不多，據我所知只有警務處警員、督察，文書主任升高級文書主任才需要。

順帶一提，見 board 較 "paper board" 主觀。因此，要見 board 的職系，通常會出現以特快年資晉升的個案。

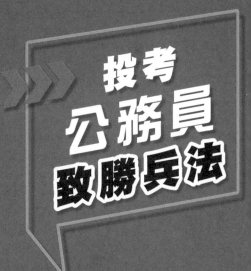

著者
劉永晨

責任編輯
李欣敏

裝幀設計
羅美齡

排版
楊詠雯、羅美齡、辛紅梅

出版者
萬里機構出版有限公司
香港北角英皇道 499 號北角工業大廈 20 樓
電話：2564 7511　　傳真：2565 5539
電郵：info@wanlibk.com
網址：http://www.wanlibk.com
　　　http://www.facebook.com/wanlibk

發行者
香港聯合書刊物流有限公司
香港荃灣德士古道 220-248 號荃灣工業中心 16 樓
電話：2150 2100　　傳真：2407 3062
電郵：info@suplogistics.com.hk
網址：http://www.suplogistics.com.hk

承印者
美雅印刷製本有限公司
香港九龍觀塘榮業街 6 號海濱工業大廈 4 樓 A 室

出版日期
二〇二四年二月第一次印刷

規格
32 開（208 mm × 142 mm）